手把手教你看懂施工图丛书

20小时内教你看懂建筑装饰装修施工图

李　鹏　主编

中国建筑工业出版社

图书在版编目（CIP）数据

20 小时内教你看懂建筑装饰装修施工图/李鹏主编.
北京：中国建筑工业出版社，2015.1
手把手教你看懂施工图丛书
ISBN 978-7-112-17616-8

Ⅰ.①2… Ⅱ.①李… Ⅲ. ①建筑装饰-工程施工-建筑制图-识别-技术培训-教材 Ⅳ.①TU767

中国版本图书馆 CIP 数据核字（2014）第 299251 号

全书共分 20 小时进行介绍，内容包括：室内装饰平面图识读、别墅室内装饰平面图识读、酒吧装饰立面图识读、营业厅装饰立面图识读、家居装饰立面图识读、营业门厅装修剖面图识读、酒吧栏杆剖面图识读、酒吧装修详图识读、酒柜大样图识读、地面装饰施工图识读、楼面装饰施工图识读、顶棚平面图识读、别墅顶棚平面图识读、木门施工图识读、酒店门样式图识读、凸窗施工图识读、橱窗装饰立面图识读、建筑楼梯施工图识读、玻璃幕墙装饰施工图识读、屏风施工图识读。

本书内容翔实，语言简洁，重点突出，简明扼要，内容新颖，涵盖面广，力求做到图文并茂，表述正确，具有较强的指导性和可读性，是建筑工程施工技术人员的必备辅导书籍，也可作为相关专业的培训教材。

责任编辑：范业庶 王砾瑶
责任设计：董建平
责任校对：李美娜 姜小莲

手把手教你看懂施工图丛书
20 小时内教你看懂建筑装饰装修施工图
李 鹏 主编
*
中国建筑工业出版社出版、发行（北京西郊百万庄）
各地新华书店、建筑书店经销
霸州市顺浩图文科技发展有限公司制版
北京君升印刷有限公司印刷
*
开本：787×960 毫米 1/16 印张：6¾ 字数：128 千字
2015 年 2 月第一版 2015 年 2 月第一次印刷
定价：**21.00** 元
ISBN 978-7-112-17616-8
（26824）

丛书编委会

前 言

近年来，我国国民经济的蓬勃发展，带动了建筑行业的快速发展，许多大楼拔地而起，随之而来的是对建筑设计、施工、预算、管理人员的大量需求。

建筑工程施工图是建筑工程施工的依据，建筑工程施工图识读是建筑工程施工的基础。本套丛书的编写，一是有利于培养读者的空间想象能力，二是有利于提高读者正确绘制和阅读建筑工程图的能力。因此，理论性和实践性都较强。

本套丛书在编写过程中，既融入了编者多年的工作经验，又采用了许多近年完成的有代表性的工程施工图实例。本套丛书为便于读者结合实际，并系统掌握相关知识，在附录中还附有相关的制图标准和制图图例，供读者阅读使用。

本套丛书共分 6 册：

1. 《20 小时内教你看懂建筑施工图》
2. 《20 小时内教你看懂建筑结构施工图》
3. 《20 小时内教你看懂建筑给水排水及采暖施工图》
4. 《20 小时内教你看懂建筑通风空调施工图》
5. 《20 小时内教你看懂建筑电气施工图》
6. 《20 小时内教你看懂建筑装饰装修施工图》

丛书特点：

随着建筑工程的规模日益扩大，对于刚参加工程建筑施工的人员，由于对房屋的基本构造不熟悉，还不能看懂建筑施工的图纸。为此迫切希望能够看懂建筑施工的图纸，学会这门技术，为实施工程施工创造良好的条件。

新版的《房屋建筑制图统一标准》、《总图制图标准》、《建筑制图标准》、《建筑结构制图标准》、《给水排水制图标准》、《暖通空调制图标准》于 2011 年正式实施，针对新版的制图标准，我们编写了这套丛书，通过对范例的精讲和对基础知识介绍，能让读者更加熟悉新的制图标准，方便地识读图纸。

本书编写不设章、节，按照第××小时进行编写与书名相呼应，让读者感觉施工图识读不是一件困难的事情，本书的施工图实例解读详细准确，中间穿插介绍一些识读的基本知识，方便读者学习。

本书三大特色：

（1）内容精。典型实例逐一讲解。

（2）理解易。理论基础穿插介绍。

（3）实例全。各种实例面面俱到。

在此感谢杜海龙、廖圣涛、徐阳、马楠、张克、李鹏、韩磊、葛美玲、刘雷雷、刘新艳、李庆磊、孟文璐、李志杰、赵亚军、苗峰等人在本书编写过程中所做的资料整理和排版工作。

由于编者水平有限，书中的缺点在所难免，希望同行和读者给予指正。

编　者

目　录

第 1 小时　室内装饰平面图识读……1

第 2 小时　别墅室内装饰平面图识读……7

第 3 小时　酒吧装饰立面图识读……13

第 4 小时　营业厅装饰立面图识读……17

第 5 小时　家居装饰立面图识读……20

第 6 小时　营业门厅装修剖面图识读……23

第 7 小时　酒吧栏杆剖面图识读……26

第 8 小时　酒吧装修详图识读……28

第 9 小时　酒柜大样图识读……31

第 10 小时　地面装饰施工图识读……34

第 11 小时　楼面装饰施工图识读……41

第 12 小时　顶棚平面图识读……44

第 13 小时　别墅顶棚平面图识读……48

第 14 小时　木门施工图识读……52

第 15 小时　酒店门样式图识读……55

第 16 小时　凸窗施工图识读……59

第 17 小时　橱窗装饰立面图识读……62

第 18 小时　建筑楼梯施工图识读……64

第 19 小时　玻璃幕墙装饰施工图识读……71

第 20 小时　屏风施工图识读……77

附录 A　建筑图例……81

附录 B　装饰装修材料……85

附录 C　各类饰面构造……91

参考文献……101

第1小时

室内装饰平面图识读

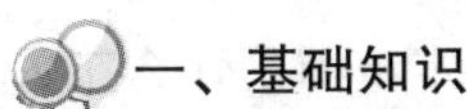

一、基础知识

1. 建筑装饰平面图的组成

建筑装饰平面图是装饰施工图的首要图纸，其他图样均是以平面图为依据而设计绘制的。装饰平面图包括平面布置图和顶棚平面图，其内容见表 1-1。

装饰平面图的内容　　表 1-1

组成部分	内　容
平面布置图	装饰平面布置图一般包括下述几个方面的内容： (1)表明装饰工程空间的平面形状和尺寸。建筑物在装饰平面图中的平面尺寸分为三个层次，即工程所涉及的主体结构或建筑空间的外包尺寸、各房间或建筑装饰分隔空间的设计平面尺寸、装饰局部及工程增设装饰的相应设计平面尺寸 (2)表明装饰工程项目在建筑空间内的平面位置，及其与建筑结构的相互尺寸关系；表明装饰工程项目的具体平面轮廓和设计尺寸 (3)表明建筑楼地面装饰材料、拼花图案、装饰做法和工艺要求 (4)表明各种装饰设置和固定式家具的安装位置，表明它们与建筑结构的相互关系尺寸，并说明其数量、材质和制造(或商品成品)要求 (5)表明与该平面图密切相关的各立面图的视图投影关系和视图的位置及编号 (6)表明各剖面图的剖切位置、详图及通用配件等的位置和编号 (7)表明各种房间或装饰分隔空间的平面形式、位置和使用功能；表明走道、楼梯、防火通道、安全门、防火门或其他流动空间的位置和尺寸 (8)表明门、窗的位置尺寸和开启方向 (9)表明台阶、水池、组景、踏步、雨篷、阳台及绿化等设施和装饰小品的平面轮廓与位置尺寸

续表

组成部分	内　　容
顶棚平面图	顶棚平面图一般包括下述几方面的内容： (1)表明顶棚装饰平面及其造型的布置形式和各部位的尺寸关系 (2)表明顶棚装饰所用的材料种类及其规格 (3)表明灯具的种类、布置形式和安装位置 (4)表明空调送风、消防自动报警和喷淋灭火系统以及与吊顶有关的音响等设施的布置形式和安装位置 (5)对于需要另设剖视图或构造详图的顶棚装饰平面图，应表明剖切位置、剖切符号和剖切面编号

2. 室内装饰平面图识读方法

(1) 看室内装饰平面图要先看图名、比例、标题栏，认定该图是什么布置图。再看建筑平面基本结构及其尺寸，把各房间名称、面积以及门窗、走廊、楼梯等的主要位置和尺寸了解清楚。然后看建筑平面结构内的装饰结构和装饰设置的平面布置等内容。

(2) 通过对各房间和其他空间主要功能的了解，明确为满足功能要求所设置的设备与设施的种类、规格和数量，以便制订相关的购买计划。

(3) 通过图中对装饰面的文字说明，了解各装饰面对材料规格、品种、色彩和工艺制作的要求，明确各装饰面的结构材料与饰面材料的衔接关系和固定方式，并结合面积作材料计划和施工安排计划。

(4) 面对众多的尺寸，要注意区分建筑尺寸和装饰尺寸。在装饰尺寸中，又要分清其中的定位尺寸、外形尺寸和结构尺寸。

1) 定位尺寸：是确定装饰面或装饰物在平面布置图上位置的尺寸。在平面图上需两个定位尺寸才能确定一个装饰物的平面位置，其基准往往是建筑结构面。

2) 外形尺寸：是装饰面或装饰物的外轮廓尺寸，由此可确定装饰面或装饰物的平面形状与大小。

3) 结构尺寸：是组成装饰面和装饰物各构件及其相互关系的尺寸，由此可确定各种装饰材料的规格，以及材料之间和材料与主体结构之间的连接固定方法。平面布置图上为了避免重复，同样的尺寸往往只代表性地标注一个，读图时要注意将相同的构件或部位归类。

(5) 通过平面布置图上的投影符号，明确投影面编号和投影方向，并进一步查出各投影方向的立面图。

通过平面布置图上的剖切符号，明确剖切位置及其剖视方向，进一步查阅相应剖面图。通过平面布置图上的索引符号，明确被索引部位及详图所在位置。

二、施工图识读

图 1-1 所示为某室内装饰平面图（一）。该部分平面图总长为 8263mm，总宽为 6006mm，该图纸中主要房间是主卧及其房间内的淋浴房、卫生间和书房。

主卧室内净宽度分两种情况，一种是 4060mm，一种是 2312mm，净长度是 4146mm，地面铺设实木地板。

卫生间及淋浴房净宽度是 1748mm，净长度是 2595mm。地面采用300mm×600mm 地砖装饰，卫生间与淋浴房以推拉门隔开。

书房净宽度是 2761mm，地面采用的是实木地板装饰。

另外，图中 600mm、500mm、400mm 及 350mm 为各家具的尺寸。

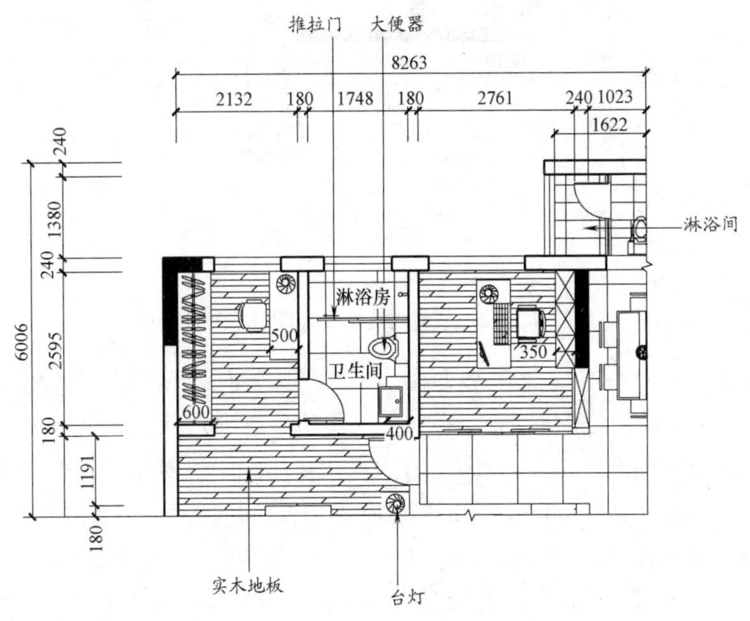

图 1-1　某室内装饰平面图（一）

图 1-2 所示为某室内装饰平面图（二）。该部分平面图总宽为 7305mm，长为 7986mm。该图纸中主要房间是客厅、厨房和储物室。

图中右侧为该室的入口，入口处设置玄关。进入室内首先是客厅，客厅地面标高是±0.000mm，地面采用 800mm×800mm 的抛光砖装饰。

从客厅往里走是餐厅，餐厅地面标高是±0.300m，与餐厅用推拉门隔开的是厨房，厨房净宽度是2021mm，净长度是3260mm。储物室与厨房相通，净宽度是1370mm，净长度是2003mm，地面采用300mm×600mm地砖装饰。

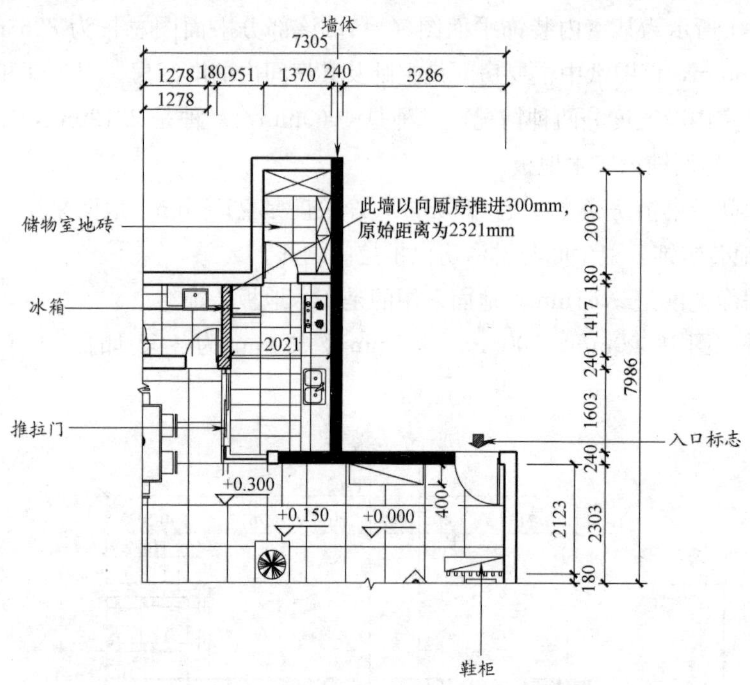

图1-2　某室内装饰平面图（二）

图1-3所示为某室内装饰平面图（三）。该平面图总长为8263mm，宽为4364mm，该图纸中主要房间是小孩房、父母房、主卧和观景阳台。

图中主卧室内净长是4060mm，净宽是2460mm。正对床的是电视柜，电视柜的表面宽度尺寸是300mm，床两侧各有一个台灯，地面采用的是实木地板。

父母房净宽度是2821mm，净长度是3368mm，地面采用实木地板装饰。

小孩房地面采用的亦是实木地板装饰。另外小孩房电脑表面宽度尺寸是500mm。

观景阳台为梯形平面，用300mm×600mm的银灰耐磨地砖装饰，并配有绿色植物，与主卧以推拉门隔开。

图1-4所示为某室内装饰平面图（四）。该平面图总长为7305mm，宽为6515mm，该图纸中主要房间是小孩房、观景阳台和客厅。

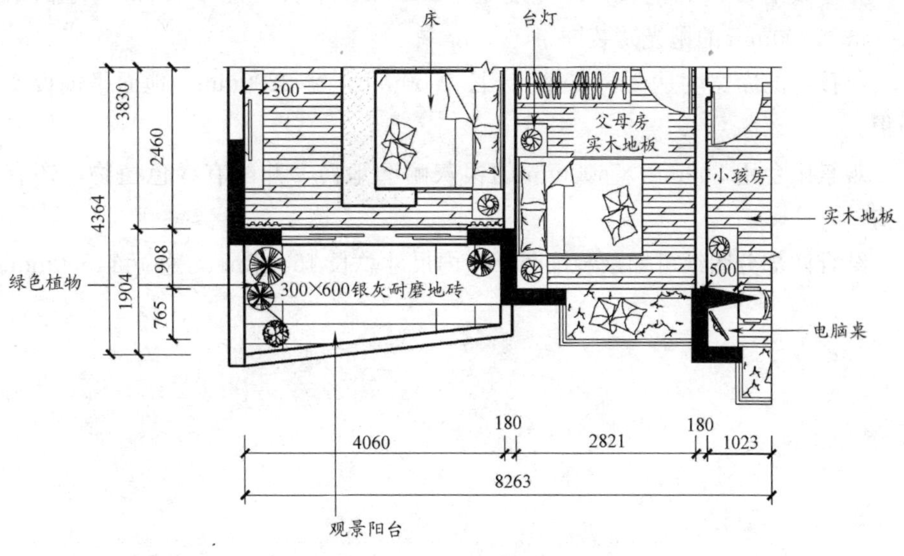

图 1-3 某室内装饰平面图（三）

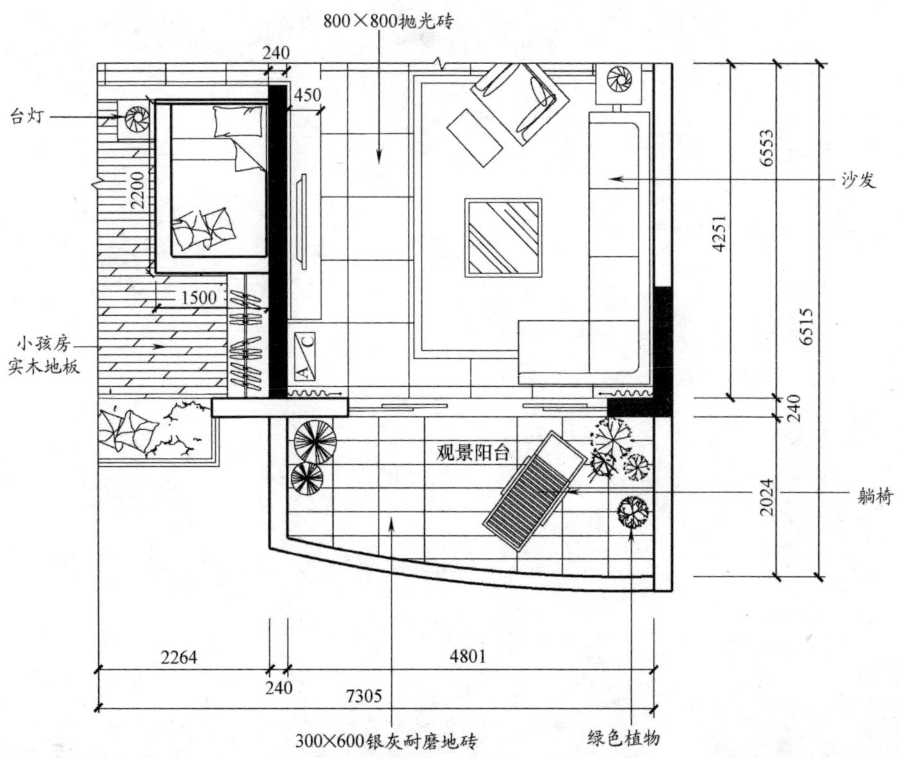

图 1-4 某室内装饰平面图（四）

客厅设有沙发和电视，净宽度是4251mm，净长度是4801mm，地面采用800mm×800mm的抛光砖装饰。

小孩房的净宽度是2264mm，床长1500mm，宽2200mm。地面平铺设实木地板。

观景阳台用300mm×600mm的银灰耐磨地砖，并配有绿色植物，还有一躺椅。

结合四部分图纸可知该装饰图纸室内尺寸总长15569mm，总宽14550mm。

第2小时

别墅室内装饰平面图识读

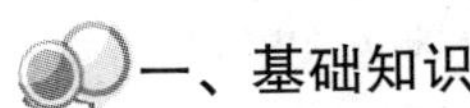

一、基础知识

1. 建筑平面图的一般图示方法

平面图上的内容是通过图线来表达的，其图示方法见表 2-1。

平面图图示方法 表 2-1

项目	内　容
被剖切的断面轮廓线	通常用粗实线表示。在可能情况下，被剖切的断面内应画出材料图例，常用的比例是 1∶100 和 1∶200。墙、柱断面内留空面积不大，画材料图例较为困难，可以不画或在描图纸背面涂红；钢筋混凝土的墙、柱断面可用涂黑来表示，以示区别
未被剖切图像的轮廓线	即形体的顶面正投影，如楼地面、窗台、家电、家具陈设、卫生设备、厨房设备等的轮廓线，实际上与断面有相对高差，可用中实线表示
纵横定位轴线用来控制平面图的图像位置	用单点长划线表示，其端部用细实线画圆圈，用来写定位轴线的编号。起主要承重作用的墙、柱部位一般都设定位轴线 平面图上横向定位轴线编号用阿拉伯数字，自左至右按顺序编写；纵向定位轴线编号用大写的拉丁字母，自下而上按顺序编写。其中，I、O、Z 三个字母不得用作轴线编号，以免分别与 1、0、2 三个数字混淆
平面图上的尺寸标注一般分布在图形的内外	(1)凡上下、左右对称的平面图，外部尺寸只标注在图样的下方与左侧。不对称的平面图，就要根据具体情况而定，有时甚至图形的四周都要标注尺寸 (2)尺寸分为总尺寸、定位尺寸、细部尺寸三种 1)总尺寸是建筑物的外轮廓尺寸，是若干定位尺寸之和 2)定位尺寸只指轴线尺寸，是建筑物构配件如墙体、门、窗、洞口、洁具等相应与轴线或其他构配件用以确定位置的尺寸 3)细部尺寸是指建筑物构配件的详细尺寸

续表

项目	内　容
平面图上的符号、图例用细实线表示	门窗符号在平面图上出现较多。门的代号为M,它具有供人们内外交通、采光、通风、隔热、保温及防盗的功能;窗的代号为C,它具有采光、通风、眺望、隔声、保温及防盗的功能
楼梯在平面图上的表示随层不同	(1)底层楼梯只能表现下段可见的踏步面与扶手,在剖切处用折断线表示,以上梯段则不用表示出来了。在楼梯起步处用细实线加箭头表示上楼方向,并标注“上”字 (2)中间层楼梯应表示上、下梯段踏步面与扶手,用折断线区别上、下梯段的分界线,并在楼梯口用细实线加箭头画出各自的走向和“上”、“下”的标注 (3)顶层楼梯应表示出自顶层至下一层的可见踏步面与扶手,在楼梯口用细实线加箭头表示下楼的走向,并标注“下”字。也可在与楼梯相关的中间平台标注标高

2. 装饰平面图的形成

(1) 平面布置图的形成。

装饰平面布置图是假想用一个水平的剖切平面，在窗台上方位置将经过内外装饰的房屋整个剖开，移去以上部分向下所作的水平投影图。它的作用主要是用来表明建筑室内外各种装饰布置的平面形状、位置、大小和所用材料；表明这些布置与布置之间的相互关系等。

(2) 装饰顶棚平面图有两种形成方法：

1) 假想房屋水平剖开后，移去下面部分向上作直接正投影而成。

2) 采用镜像投影法，将地面视为镜面，对镜中顶棚的形象作正投影而成。顶棚平面图一般都采用镜像投影法绘制。

顶棚平面图的作用主要是用来表明顶棚装饰的平面形式、尺寸和材料做法，以及灯具和其他各种室内顶部设施的位置和大小等。

装饰平面布置图和顶棚平面图，都是建筑装饰施工放样、制作安装、预算和备料，以及绘制室内有关设备施工图的重要依据。

3. 装饰平面布置图的阅读要点

(1) 识读图名和比例。

(2) 了解各房间的名称和功能。

(3) 识读标注在图样内部和外部的尺寸。

(4) 了解各房间内的设备、家具安放位置、数量、规格和要求。

(5) 通过图中对装饰面的文字说明，了解各装饰面对材料规格、品种、色彩

和工艺制作的要求，明确各饰面的结构材料的衔接关系与固定方式。

（6）识读各种符号。

二、施工图识读

图 2-1 所示为某别墅室内装饰一层平面图（一），由图中可以看出该别墅为双拼别墅。读图可知：餐厅、客厅、厨房、卫生间和储藏室的具体位置。餐厅和客厅地面用胡桃木地板装饰。餐厅放有一个餐桌并配有 6 把餐椅。厨房开间 3800mm，进深 2800mm，地面用防滑地砖装饰。卫生间墙上暗藏灯管。

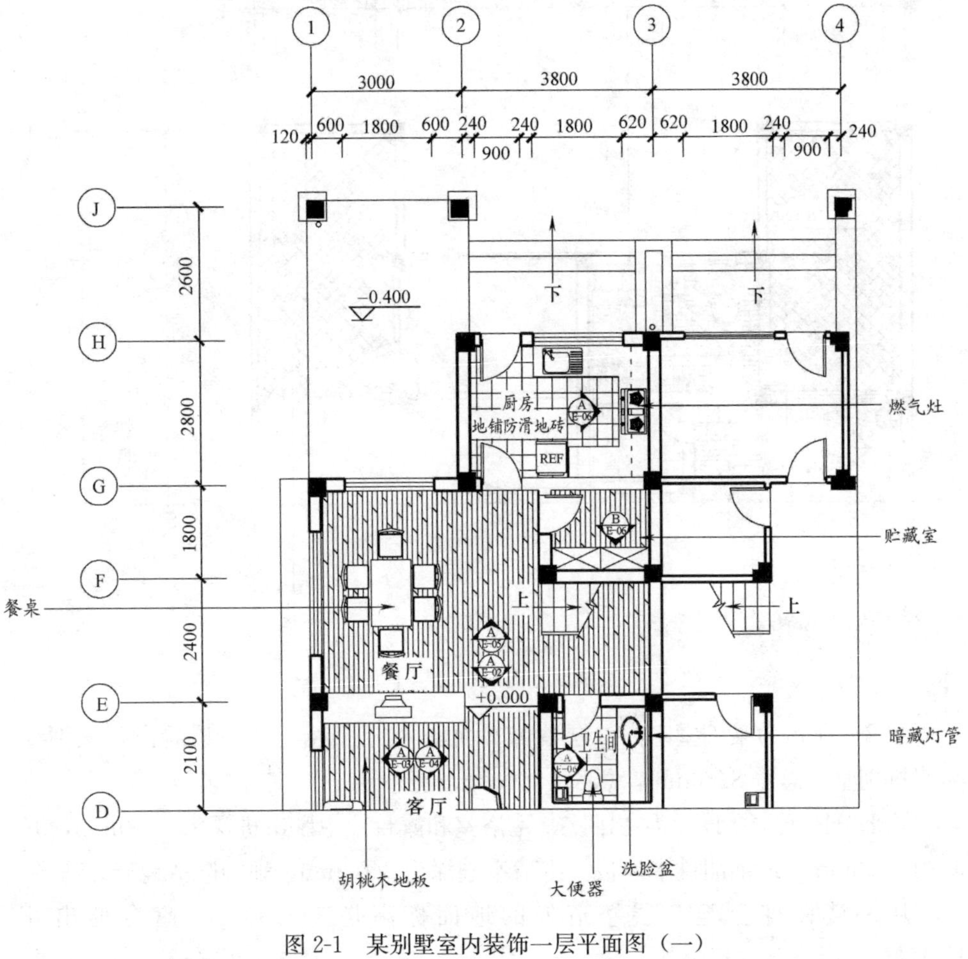

图 2-1　某别墅室内装饰一层平面图（一）

图 2-2 所示为某别墅室内二层装饰平面图一，由图可以看出该别墅为双拼别墅，总宽 7545mm，总长 13600mm。

该部分图纸主要设置为卧室、儿童房、浴室和露台。卧室地面标高

＋3.450m，并兼书房用。地面采用胡桃木地板装饰。

儿童房开间为3800mm，进深为2800mm，地面铺设胡桃木地板，在床的上方暗格内设置灯管。

观景露台开间为3000mm，进深为5400mm，地面标高为＋3.270m。

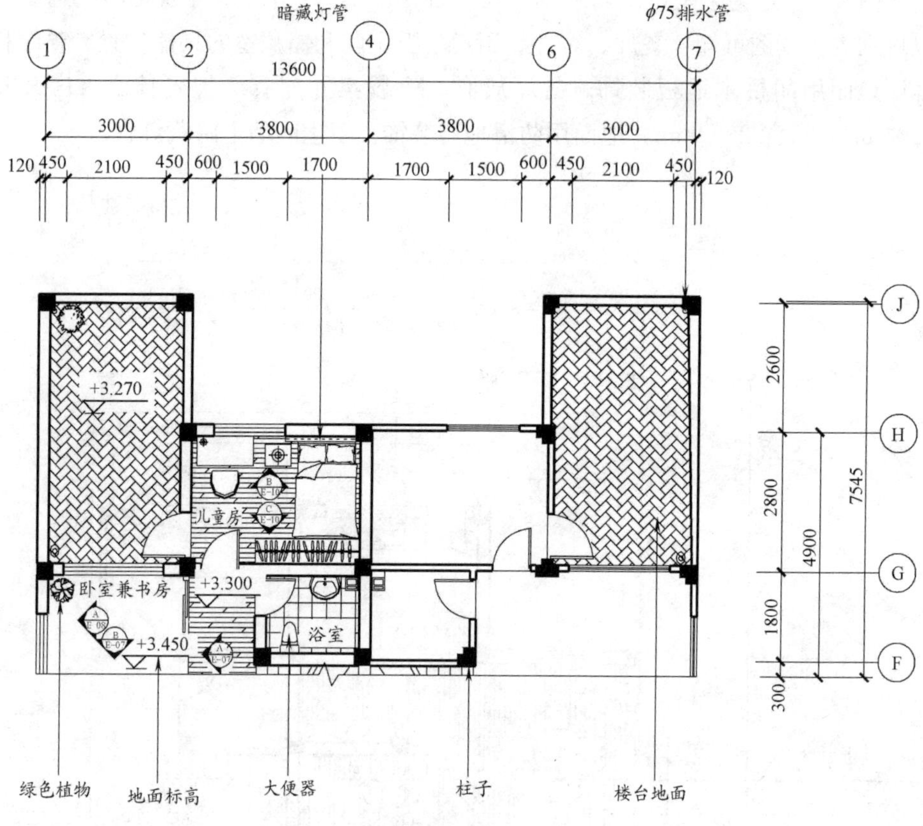

图2-2　某别墅室内装饰二层平面图（一）

图2-3所示为某别墅室内二层装饰平面图（二）。由图中可以看出，该别墅为双拼别墅，总宽8280mm，总长13600mm。

该部分图纸主要设置为主卧室、主浴室和露台。主卧室进深为4900mm，开间为5100mm。地铺胡桃木地板。主浴室进深为3400mm，地铺防滑地砖。

从一楼楼梯上至二层楼道处的地面标高是＋3.300m。露台伸出外墙1200mm。

儿童房开间为3800mm，进深为2800mm，地面铺设胡桃木地板，在床的上方暗格内设置灯管。

图2-4所示为某别墅室内三层装饰平面图（一）。由图可以看出，该别墅为

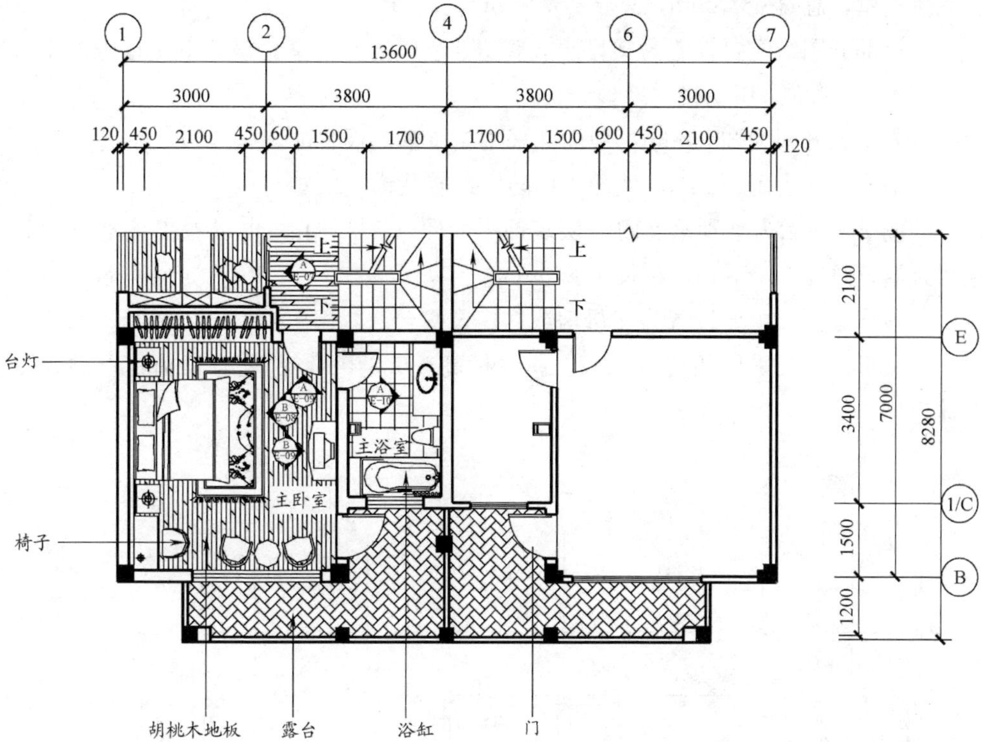

1　2　4　6　7
13600
3000　3800　3800　3000
120　450　2100　450　600　1500　1700　1700　1500　600　450　2100　450　120
上　下　上　下
台灯
主卧室
主浴室
椅子
2100　3400　1500　1200　7000　8280
E　1/C　B
胡桃木地板　露台　浴缸　门

图 2-3　某别墅室内装饰二层平面图（二）

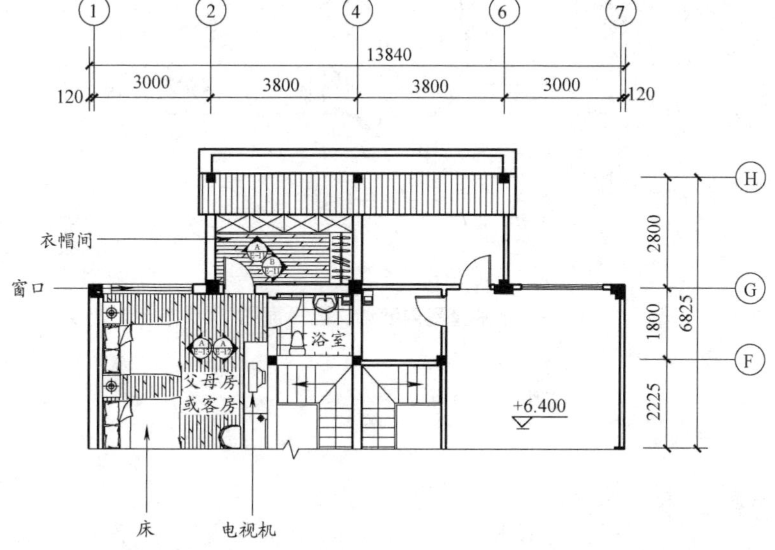

图 2-4　某别墅室内装饰三层平面图（一）

双拼别墅，总宽 6825mm，总长 13840mm。

该部分图纸主要设置为父母房或客房、衣帽间及浴室。该图纸父母房进深为 4025mm，地面采用胡桃木地板。

衣帽间开间为 3800mm，地面亦采用胡桃木地板装饰。

浴室进深为 1800mm，地面采用防滑地砖装饰。

图 2-5 所示为某别墅室内三层装饰平面图（二），由图可以看出该别墅为双拼别墅，总宽 3575mm，总长 13840mm。

该部分图纸主要设置为父母房或客房及露台。

父母房地面采用胡桃木地板。露台标高＋6.370m，并配有桌椅，以供方便休息。

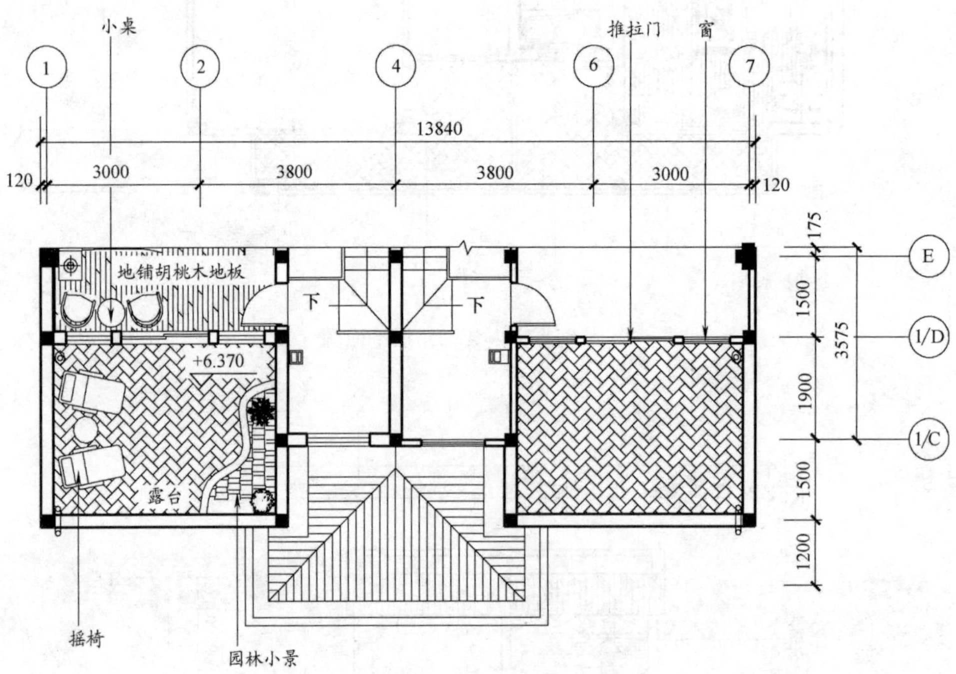

图 2-5 某别墅室内装饰三层平面图（二）

第3小时

酒吧装饰立面图识读

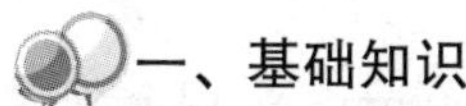

一、基础知识

1. 装饰立面图的形成

将建筑物装饰的外部墙面或内部墙面向与其平行的投影面所作的正投影图称为装饰立面图。室内装饰立面图的形成采用的方法主要有三种：

（1）假想将室内空间垂直剖开，移去剖切平面和观察者之间的部分，对剩余部分所作的正投影图。

（2）假想将室内各墙面沿面与面相交处拆开，移去不予图示的墙面，将剩余墙面及其装饰布置，沿铅直投影面所作的投影。

（3）设想将室内各墙面沿某轴阴角拆开，依次展开，直至都平行于同一投影面，形成的立面展开图。

2. 装饰立面图识读方法

（1）通过图中不同线型的含义，明晰立面上有几种不同的装饰面，以及这些装饰面所选用的材料与施工工艺要求。

（2）立面上各装饰面之间的衔接收口较多，这些内容在立面图上标示得比较概括，多在节点详图中详细标明。

（3）明确装饰结构之间以及装饰结构与建筑主体之间的固定连接方式，以便提前准备预埋件和紧固件。

（4）明确建筑室内装饰立面图上与该工程有关的各部分尺寸和标高。

（5）要注意设施的安装位置，确定电源开关、插座的安装位置和安装方式，以便在施工中留位。

（6）阅读室内装饰立面图时，要结合平面布置图、顶棚平面图和该室内其他立面图对照阅读，明确该室内的整体做法与要求。

二、施工图识读

图 3-1 为某酒吧装饰立面图（一）部分，图中左侧为一组带有韵律式的玻璃造型，上下均留有 150mm，左右均留有 100mm，总宽 1600mm，总高 2800mm，用银灰色铝塑板装饰。

中间部分为方格，方格宽 400mm，高 379mm，方格材质为 10mm 厚钢化玻璃。中间带圆的造型，半径 110mm，材质由红色玻璃贴纸和钢化玻璃组成。

左侧最下端为一组四个的射灯，中间部分为灯带，上下两条灯带间距 300mm。

中间虚线部分为走珠灯带，中间左侧为火红色灯组造型，外径为 340mm，内径为 290mm。采用火红色喷漆。

右上侧也为可塑灯带，灯带宽 400mm，两灯带间距离 250mm，采用金色系墙纸装饰。左下侧为一组齿轮造型，材质为金属防火板，中心有射灯，射灯中心距离为 900mm，齿轮造型内径 200mm，外径 300mm。齿轮的齿宽 160mm，齿与齿之间的距离是 164mm。

酒吧门宽 700mm，刷白色乳胶漆。

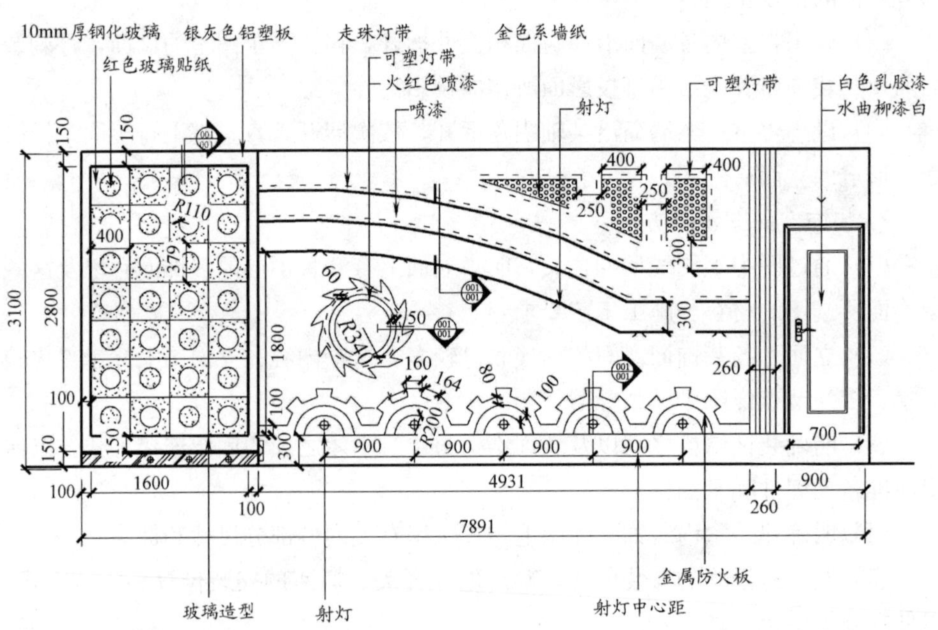

图 3-1　某酒吧装饰立面图（一）部分

图 3-2 为某酒吧装饰立面图另一部分，左侧半圆形造型，半径为 180mm，内设射灯，其余部分为墙纸。

中间为一组造型墙，中间左右两侧对称设计横条为玻璃片内装装饰灯，装饰灯距离两边缘 150mm，灯高 40mm，上下灯与灯之间的距离是 200mm，最底部的装饰灯距离中心火炬型造型 300mm。

造型墙其余面积为金属防火板，中间靠下侧为一火炬形造型，下端为不锈钢＋橙色亚克力板材质，内设射灯，射灯高 60mm。该火炬型造型下部宽 400mm，上部宽 737mm，高 1400mm。

造型墙上面为一装饰品。左右两边暗藏走珠灯带，最右侧为一条宽 350mm 的灯带，灯带材质为白色亚克力板，内设射灯。

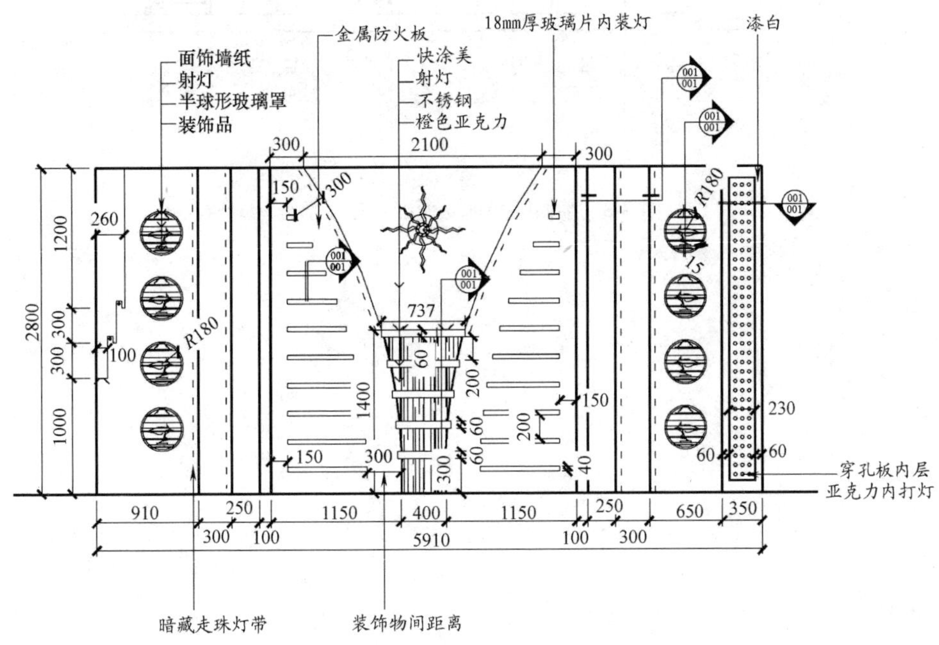

图 3-2　某酒吧装饰立面图（二）部分

图 3-3 为某酒吧装饰立面图（三）部分，由图可以看出该立面图分为两部分。左边部分为酒吧大门，大门宽 700mm，水曲柳漆白。

大门左面是墙面，刷白色乳胶漆，高 3000mm，且暗藏三条灯带，灯带与灯带左右间距为 300mm，上下间距 200mm。

右边部分为酒柜造型，酒柜上下各距边缘 250mm，采用不锈钢支架，为椭圆玻璃造型，内设射灯，挂高脚杯，外部采用 10mm 厚钢化玻璃，周围用广告钉钉牢。酒柜高 2350mm，宽 600mm。

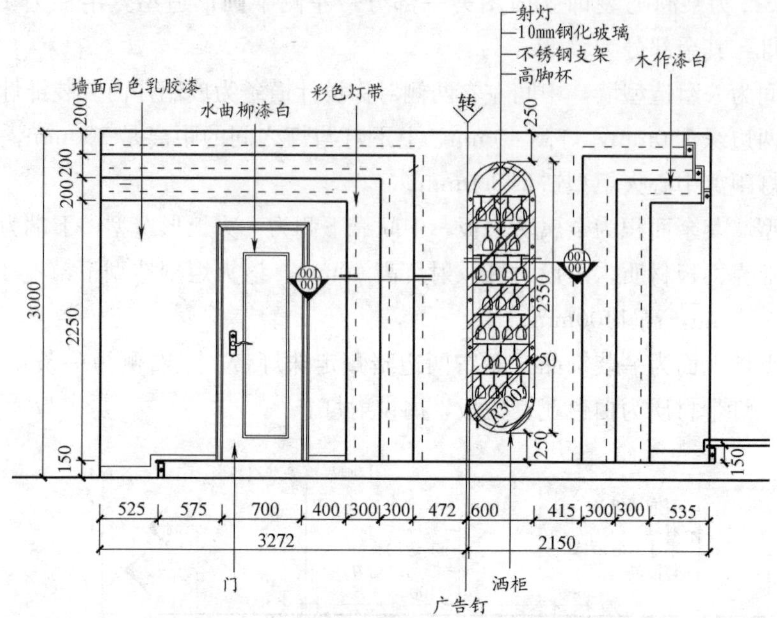

图 3-3　某酒吧装饰立面图（三）部分

第4小时

营业厅装饰立面图识读

一、基础知识

1. 装饰立面图的图示内容

（1）立面图上用相对标高，即以室内地坪为标高零点，并以此为基准来标明有关部位的标高。

（2）表明室内外墙面装饰的造型和样式，并用文字说明其饰面材料的品名、规格、色彩和工艺要求。

（3）表明装饰吊顶天花的高度尺寸及其叠级造型互相关系尺寸，墙面与吊顶的衔接收口方式。

（4）表明室内外墙面上所用设备的位置尺寸、规格尺寸。

（5）表明门、窗、隔墙、装饰隔断物等设施的高度尺寸和安装尺寸。

（6）表明绿化、组景设置的高低错落位置尺寸。

（7）表明室内外景园小品或其他艺术造型体的立面形状和高低错落位置尺寸。

（8）表明楼梯踏步高度和扶手高度，以及所用装饰材料和工艺要求等。

（9）表明建筑结构与装饰结构间的连接方式、衔接方法、相关尺寸。

（10）标明详图所示部位及详图所在位置。作为基本图的装饰剖面图，其剖切符号一般不应在立面图上标注。

（11）作为室内装饰立面图，还要标明家具和室内配置产品的安放位置和尺寸。

（12）建筑装饰立面图的线型选择和建筑立面图基本相同。

2. 建筑装饰立面图的识读步骤

（1）识读图名、比例，与装饰平面图进行对照，明确视图投影关系和视图位置。

（2）与装饰平面图进行对照识读，了解室内家具、陈设、壁挂等的立面造型。

（3）根据图中尺寸、文字说明，了解室内家具、陈设、壁挂等规格尺寸、位置尺寸、装饰材料和工艺要求。

（4）了解内墙面的装饰造型的式样、饰面材料、色彩和工艺要求。

（5）了解吊顶顶棚的断面形式和高度尺寸。

（6）注意详图索引符号。

二、施工图识读

图 4-1 为中国移动通信某营业厅装饰立面图一部分，门头上部有“中国移动通信”六个字及营业厅的标志。

上部造型为银灰铝塑板材质，并设有银灰铝塑板挑檐。

下部大门为 12mm 厚透明钢化玻璃地弹门，地弹门高 2900mm，宽 2000mm。

柱子用铝塑板，台阶踏步高 150mm，采用 800mm×800mm 的抛光砖装饰。在营业厅最右侧设置一排污管，外装于墙上，材质是 PVC，管道直径为 50mm。

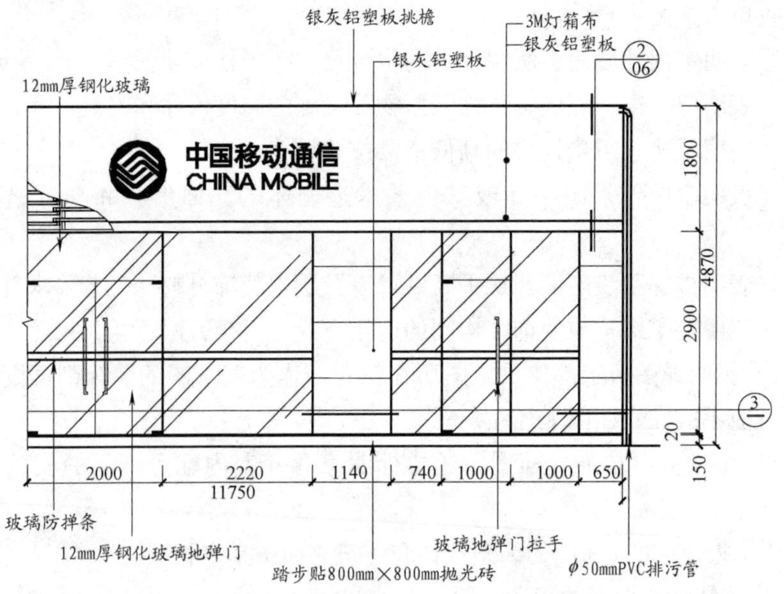

图 4-1　某营业厅装饰立面图（一）部分

图 4-2 为某营业厅装饰立面图（二）部分，左侧部分墙面为铝塑板装饰，上面为背景墙射灯设计。

中间字体以及 Logo 采用刮钢化涂料和 PVC 材质装饰。

上部射灯轨道材质为 40mm×100mm 铝合金，射灯下面墙面为银灰铝塑板，字体背后墙面为蓝色铝塑板设计。右侧铝塑板包门通向工作区域。

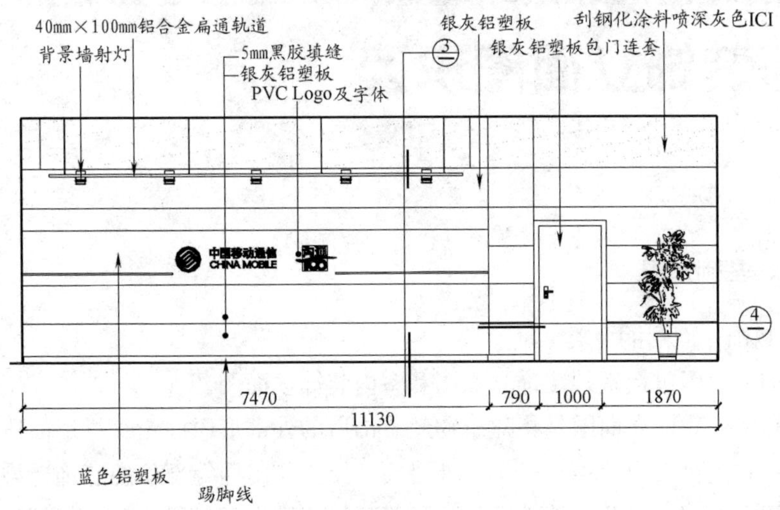

图 4-2　某营业厅装饰立面图（二）部分

第5小时

家居装饰立面图识读

一、基础知识

1. 装饰立面图的分类

装饰立面图包括室外装饰立面图和室内装饰立面图。

(1) 室外装饰立面图是将建筑物经装饰后的外部形象向铅直投影面所作的正投影图。它主要表明屋顶、檐头、外墙面、门头与门面等部位的装饰造型、装饰尺寸和饰面处理，以及室外水池、雕塑等建筑装饰小品布置等内容。

(2) 室内装饰立面图的形成比较复杂，且形式不一。目前常采用的形成方法多为上面叙述的第二、第三种图示方法。

2. 装饰立面图的画法

(1) 结合平面图，取适当比例（常用 1∶100、1∶50），绘制建筑结构的轮廓（一般要求剖过门窗等洞口部位）。

(2) 绘制室内各种家具、设备。

(3) 标注各装饰面的材料、色彩。

(4) 标注相关尺寸，某些部位若须绘制详图，应绘制相应的索引符号，书写图名和比例。

二、施工图识读

图 5-1 为某客厅装饰立面图，墙左侧为一块半透明钢化玻璃，高度为 2100mm，宽度为 1127mm。右侧为卧室门，宽为 900mm，高为 2100mm。

中间部分墙面用墙纸装饰，中间为 4 块装饰画，下部为一个装饰柜，装饰柜高度为 900mm，宽度为 1420mm，装饰柜四周立面采用大花白石材装饰，正面柜门为木材质。

客厅顶部 140mm 高刷白色乳胶漆，紧挨着下边 60mm 线条刷白漆。

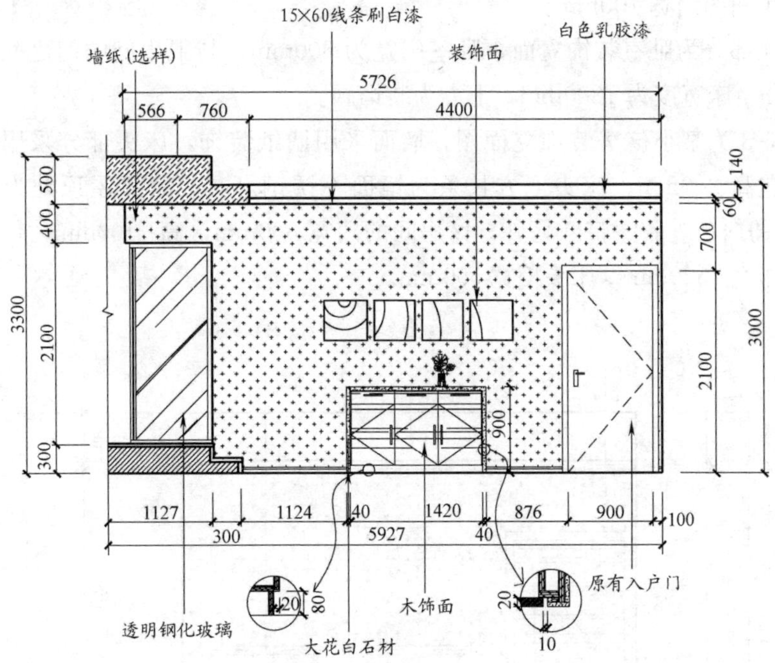

图 5-1　某客厅装饰立面图

图 5-2 为某主卧装饰立面图，由图中可以看出，左侧为主卧卫生间装饰立面，卫生间进深为 2595mm，下面踢脚线采用木材质。梳妆台采用木材质，高

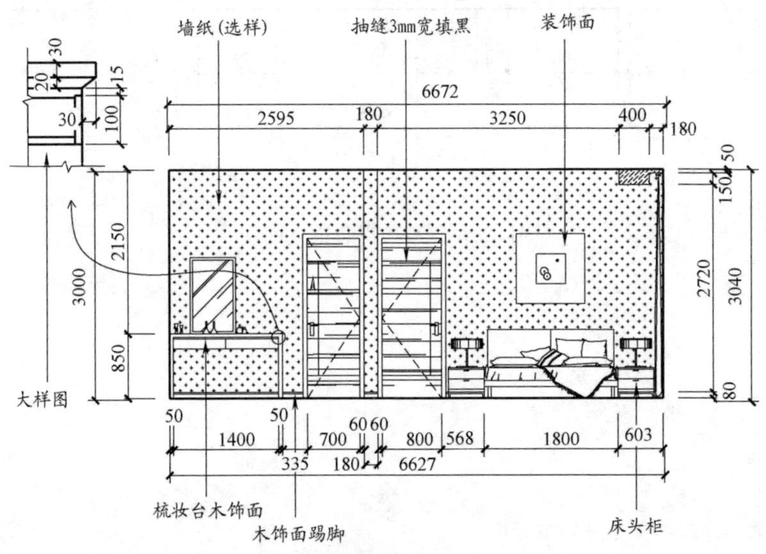

图 5-2　某主卧装饰立面图

850mm，宽 1500mm。另外梳妆台角的放大尺寸图中左上角已经给出。墙面为墙纸。卫生间的门宽 700mm。

右侧部分为卧室装饰立面，卧室门宽为 800mm，与卫生间的门之间的墙宽是 80mm。床宽度为 1800mm，上方为装饰画。

图 5-3 为某小孩房装饰立面图，墙面采用墙纸装饰，床头部分采用软包材质，软包高 200mm。床头上方长条为镜面不锈钢灯具，紧靠屋顶处为一条宽 340mm 的白色乳胶漆带。另外，该房间的门宽 800mm，高 2100mm，位于床的左侧。床宽 1500mm，床头柜宽 550mm。

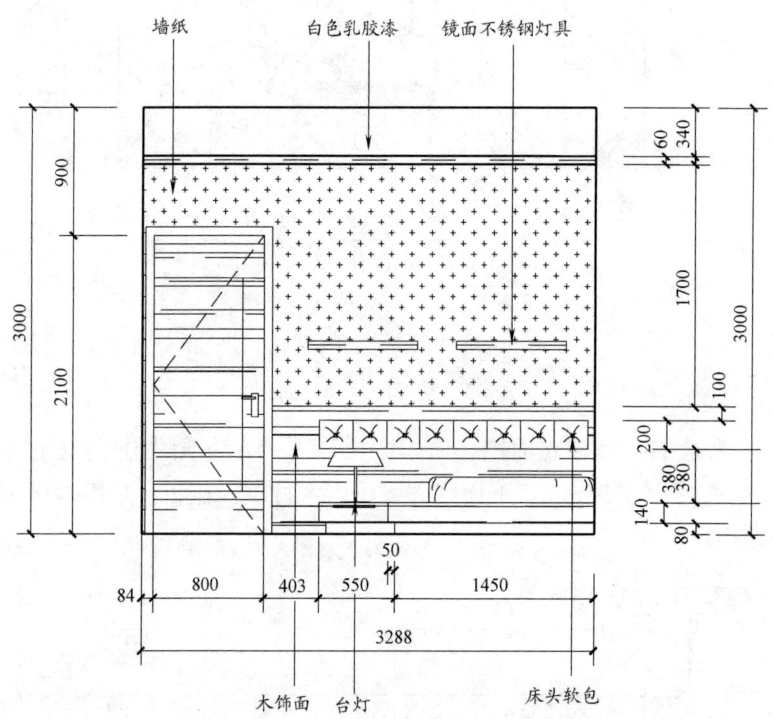

图 5-3　某小孩房装饰立面图

第6小时

营业门厅装修剖面图识读

一、基础知识

1. 建筑装饰剖面图的概述

装饰剖面图是用假想平面将室外某装饰部位或室内某装饰空间垂直剖开而得的正投影图。它主要表明上述部位或空间的内部结构情况，或者装饰结构与建筑结构、结构材料与饰面材料之间的构造关系等。

2. 建筑剖面图的分类及用途

建筑装修剖面图简称剖面图，根据用途、表现范围不同，可有两种类型，具体见表 6-1。

建筑装修剖面图的分类及用途　　表 6-1

项目	内　　容
整体剖面图	(1)剖立面图的形成：与建筑剖面图形成相似，它也是用一剖切平面将整个房间切开，画出切开房间内部空间物体的投影，然后对于构成房间周围的墙体及楼地面的具体构造却可省略。剖立面图就是剖视图，形成剖立面图的剖切平面的名称、位置及投射方向应在平面布置图中表明 (2)剖立面图的内容、画法与用途：剖立面图的作用与立面布置图的作用相似，但它表现的不只是某一墙面装修后的布置状况，而是表现出整个房间装修后室内空间的布置状况与装修后的效果，因而它具有感染力 剖立面图中也允许加画花草、树木、喷泉、山石等景观造型，甚至也可以绘制少量人物以烘托装饰房间的功能 剖立面图可作为立体效果图的深入与补充，一般情况下使用不多，但是当拟用剖立面图来代替立面图布置图表明墙面布置状况，并同时也需表明顶棚构造及墙体装修构造时，则最好使用剖立面图，但在这种情况下剖立面图中的尺寸、结构材料等内容应完整齐全，要能满足工程施工要求

续表

项目	内　容
局部装饰剖面图	(1)局部剖面图的形成：局部装修剖面图与建筑图中剖面详图一样，也都是用局部剖视来表达局部节点的内部构造 (2)局部剖面图的内容、画法与用途：局部剖面图主要是用来表现装修节点处的内部构造。房间欲装修的部位很多，只要需要便可画剖面图。由于局部剖面图都是作样图用，所以画图比例较大，且用详图索引符号给出剖面图的名称。局部剖面图一般要与其他图样共同表现装修节点

二、施工图识读

图 6-1 为某营业门厅装修剖面图（一）部分，图中①位置为图 4-1 中左侧门头部造型剖面图，图中②位置为图 4-1 中右侧门头处的剖面图。由图可以看出，①位置与②位置的做法基本一致。

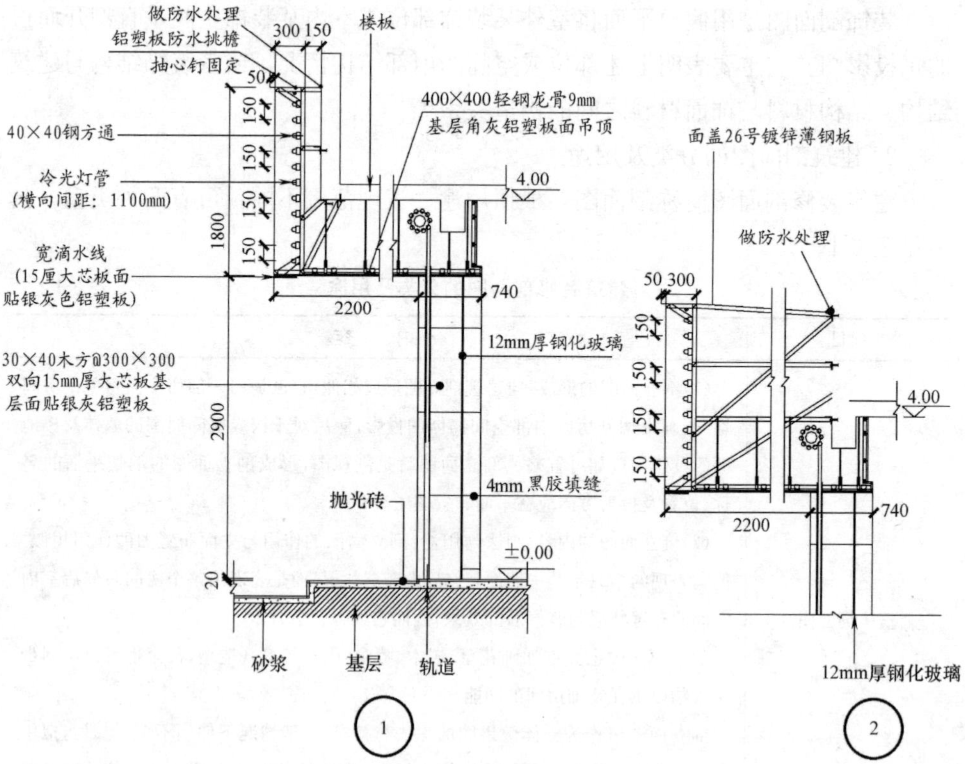

图 6-1　某营业门厅装修剖面图（一）

地面采用抛光砖装饰，抛光砖厚 20mm，标高为±0.0m。其上部立面是

12mm 厚钢化玻璃，吊顶则采用 9mm 轻钢龙骨 400mm×400mm 布置，吊顶基层材质为银灰铝塑板。

吊顶处设宽滴水线，材质为 15mm 厚大芯板面贴银灰色铝塑板。在营业厅的上部设有冷光灯管，灯管横向间距 1100mm，纵向间距 150mm。

挑檐则是采用铝塑板，并用抽芯钉固定。在其上部盖 26＃镀锌薄钢板，并做防水处理。

图 6-2 为某营业门厅装修剖面图（二），由图可以看出，这是柱子的横向断面图，外部先用 3mm×4mm 木方@300mm×300mm 做好龙骨，然后采用 15mm 厚大芯板贴铝塑板装饰饰面，将管道包裹起来。

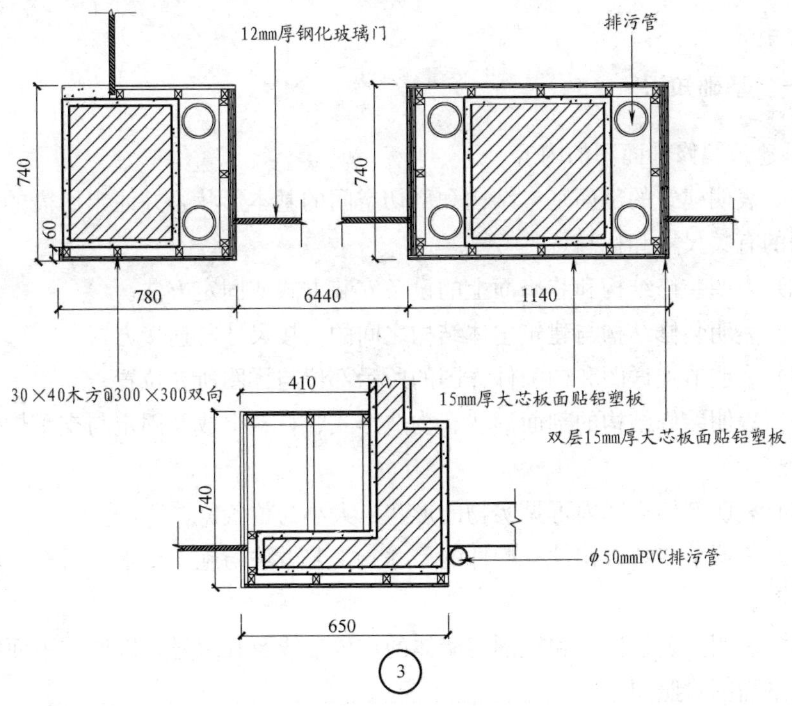

图 6-2　某营业门厅装修剖面图（二）

第7小时

酒吧栏杆剖面图识读

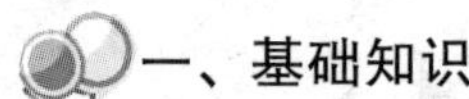

一、基础知识

1. 建筑装修剖面图的内容

(1) 表明建筑的剖面基本结构和剖切空间的基本形状，并注出所需的建筑主体结构的有关尺寸和标高。

(2) 表明装修结构和装修面上的设备安装方式或固定方法。

(3) 表明装修结构与建筑主体结构之间的衔接尺寸与连接方式。

(4) 表明节点详图和构配件详图的所示部位与详图所在位置。

(5) 表明装修结构的剖面形状、构造形式、材料组成及固定与支承构件的相互关系。

(6) 表明剖切空间内可见实物的形状、大小与位置。

(7) 表明某些装饰构件、配件的尺寸、工艺做法与施工要求，另有详图的可概括表明。

(8) 表明图名、比例和被剖切墙体的定位轴线及其编号，以便与平面布置图和顶棚平面图对照阅读。

2. 建筑装饰剖面图的识读方法

(1) 阅读建筑装饰剖面图时，首先要对照平面布置图，看清剖切面的编号是否相同，了解该剖面的剖切位置和剖视方向。

(2) 在众多图样和尺寸中，要分清哪些是建筑主体结构的图样和尺寸，哪些是装修结构的图样和尺寸。当装修结构与建筑结构所用材料相同时，它们的剖断面表示方法是一致的。

(3) 通过对剖面图中所示内容的阅读研究，明确装修工程各部位的构造方法、构造尺寸、材料要求与工艺要求。

(4) 建筑装修形式变化多，程式化的做法少。作为基本图的装修剖面图只能表明原则性的技术构成问题，具体细节还需要详图来补充表明。

(5) 阅读建筑装修剖面图要结合平面布置图和顶棚平面图进行，某些室外装修剖面图还要结合装修立面图来综合阅读，才能全方位理解剖面图示内容。

二、施工图识读

图 7-1 为某酒吧栏杆剖面图，图中上半部分为酒吧栏杆立面图，下半部分为栏杆(A)剖面图，由图中可知，栏杆柱子采用白色弹性凹凸墙面漆涂刷，每根柱子宽 100mm，柱子斜向布置呈“V”形，夹角为 51°。栏杆上部扶手高 100mm。柱子与地台连接的地方采用直径为 8mm 的钢筋与地面预埋钢筋焊接，地台采用 50mm 厚的水泥预制板，预制板面层采用地毯铺设。地台下面设 100×68mm 工字钢，工字钢高 450mm，并做防锈处理。其余尺寸已经详细地在图中标出。

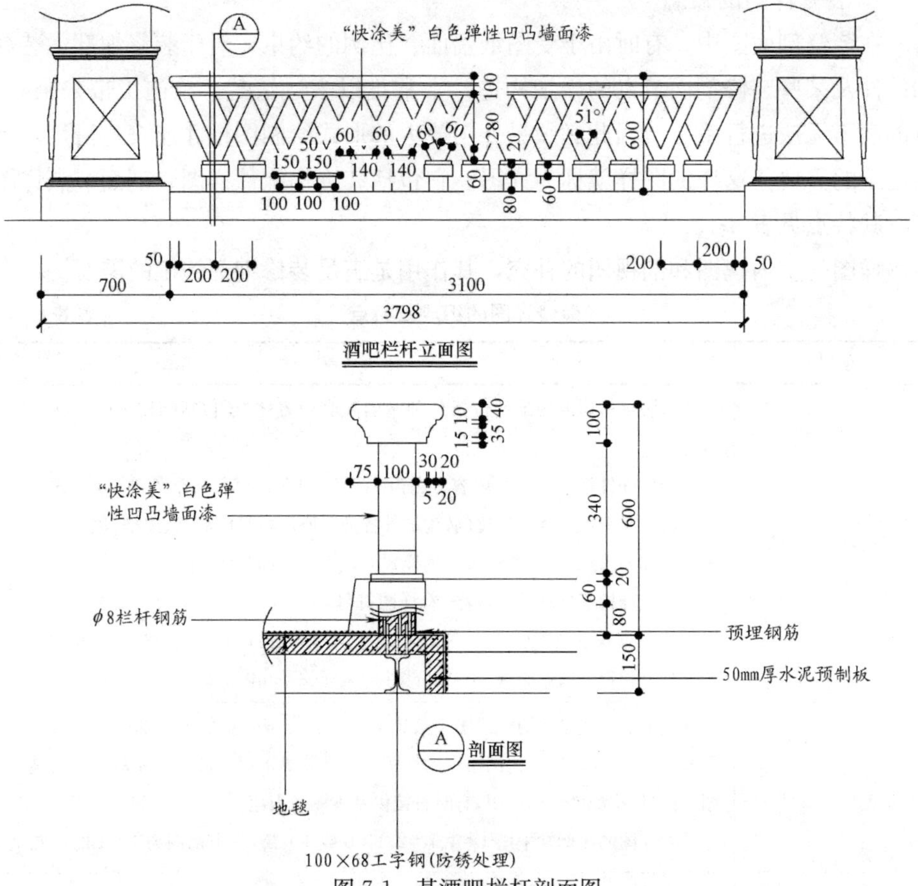

图 7-1　某酒吧栏杆剖面图

第8小时

酒吧装修详图识读

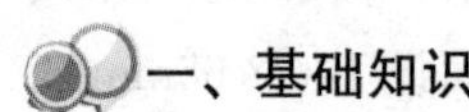

一、基础知识

1. 装修详图的概念

在装修剖面图中，有时由于受图纸幅面、比例的约束，对于装修细部、装饰构配件及某些装修剖面节点的详细构造，常常难以表达清楚，给施工带来困难，有的甚至无法进行施工，因此必须另外用放大的形式绘制图样才能表达清楚，满足施工的需要，这样的图样就称为详图。它包括装饰构配件详图、剖面节点详图等，其特点见表 8-1。

详图是室内视图和剖视图的补充，其作用是满足装修细部施工的需要。

装修详图的组成及特点　　表 8-1

项目	特　点
装饰构配件详图	建筑装饰所属的构配件包括各种室内配套设置体，还包括结构上的一些装饰构件 装饰构配件详图的主要内容有：详图符号、图名、比例；构配件的形状、详细构造、层次、详细尺寸和材料比例；构配件各部分所用材料的品名、规格、色彩以及施工做法和要求；部分尚需放大比例样式的索引符号和节点详图 阅读装饰构配件详图时，应先看详图符号和图名，弄清楚从何图索引而来。阅读时要注意联系被索引图样，并进行周密的核对，检查它们之间在尺寸和构造方法上是否相符。通过阅读，了解各部件的装配关系和内部结构
剖面节点详图	剖面节点详图是将两个或多个装饰面的交汇点或构造的连接部位按垂直和水平方向剖开，并以较大比例绘出的详图。它是装饰工程中最基本和最具体的施工图，有时供构配件详图引用，有时直接供基本图所引用 节点详图的比例常采用 1∶1、1∶2、1∶5 或 1∶10，其中比例为 1∶1 的详图又称为足尺图

2. 建筑详图识读要点

（1）看详图符号，结合装修平面图、装修立面图、装修剖面图，了解详图来自何部位。

（2）对于复杂的详图，可将其分成几块，分别进行识读。

（3）找出各块的主体，进行重点识读。

（4）注意看主体和饰面之间采用何种形式连接。

二、施工图识读

图 8-1 为某酒吧装修详图（一）部分，A 剖面图为一装饰墙局部节点剖面图，最外侧采用金属防火板，里面采用夹板，最中间为灯带，每处灯带均设 200mm 高的玻璃条。

由 D 剖面图可知，灯口进线从上方进入，灯罩内喷色漆，内附小装饰品，外面采用半球形玻璃班罩。

由 C 剖面图可知，走珠灯带下方的夹板均贴墙纸，夹板的尺寸图中已给出。

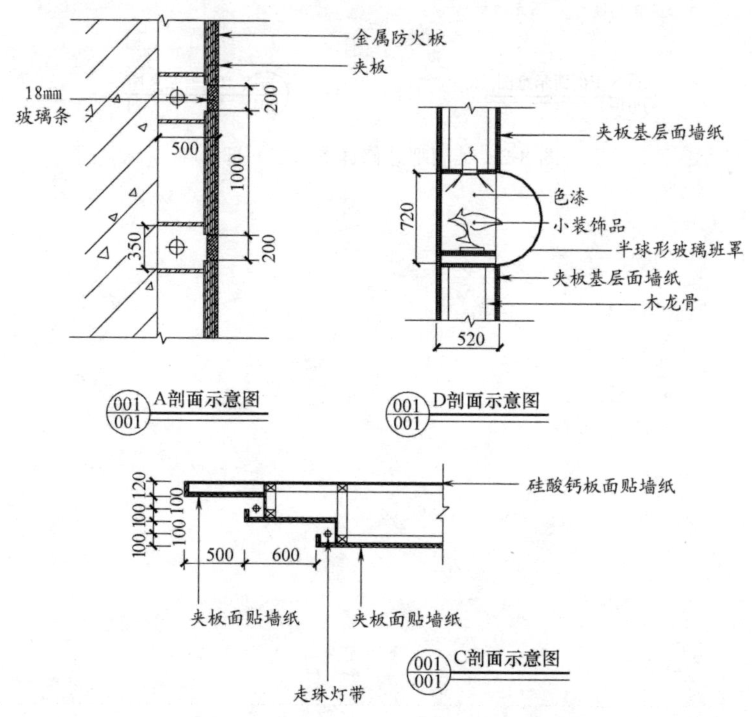

图 8-1　某酒吧装修详图（一）部分

图 8-2 为某酒吧装修详图（二）部分，由 B 剖面图可知，最内侧为墙面，最

外侧罩采用橙色亚克力板，中间龙骨与板连接处采用砂光不锈钢的材质，灯箱厚560mm，高度为2800mm。由E剖面图可知，中间为灯带，两侧夹板漆白，夹板高700mm。底部采用亚克力板，长1200mm，在亚克力板下边另设穿孔板。

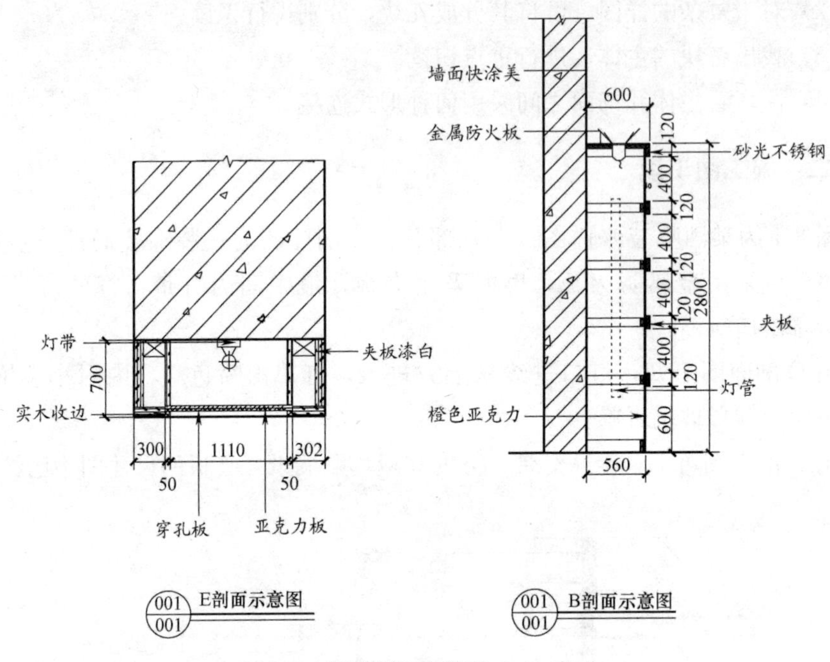

图8-2 某酒吧装修详图（二）部分

第9小时

酒柜大样图识读

一、基础知识

1. 装修详图的要求

详图可以是平面图、顶棚图、立面图、剖面图、断面图，也可以是轴测图、构造节点图等。根据装修工程中的实际情况，可适当增减详图数量，以表达清楚、满足施工需要为原则。对详图总的要求是：详实简明，表达清楚，满足施工要求。具体要求做到“三详”，见表 9-1。

“三详”的具体要求　　表 9-1

项目	内　容
图形详	图示形象要真实正确，各部分相应位置符合实际，各部件的构造连接一定要清楚切实，各构件的材料断面要用适当的图示线，大比例尺的分层构造图应层层可见。整个图像要概念清晰，令人一目了然
数据详	图样细部尺寸、构件断面尺寸、材料规格尺寸等的标注要完善；带有控制性的标高、有关定位轴线和索引符号的编号、套用图号、图示比例及其他有关数据都要标注无误
文字详	不能用图像表达，也无处标注数据的内容，如构造分层的用料和作法、材料的颜色、施工的要求和说明、套用的图集、详图名称等都要用文字说明，并要简洁明了

2. 装修详图的图示内容

（1）标明装饰面和装饰造型的结构形式、饰面材料与支撑构件的相互关系。

（2）标明重要部位的装饰构件、配件的详细尺寸、工艺作法和施工要求。

（3）标明装修结构与建筑主体结构之间的连接方式及衔接尺寸。

（4）标明装饰面板之间拼接方式及封边、盖缝、收口和嵌条等处理的详细尺寸和作法。

(5) 标明装饰面上的设施安装方式或固定方法以及设施与装饰面的收口收边方式。

3. 装修详图的分类

装修详图的分类，具体见表 9-2。

装修详图的分类 **表 9-2**

项目	内容
墙(柱)面装修剖面详图	主要用于表达室内立面的构造，着重反映墙(柱)面在分层做法、选材、色彩上的要求
顶棚详图	主要用于反映吊顶构造、做法的剖面图或断面图
装修造型详图	独立的或依附于墙(柱)的装饰造型，表现装饰的艺术氛围和情趣的构造体，如影视墙、花台、屏风、壁龛、栏杆造型等的平、立、剖面图及线角详图
家具详图	主要指需要现场制作、加工、油漆的固定式家具，如衣柜、书柜、储藏柜等。有时也包括可移动家具如床、书桌、展示台等
装修门窗及门窗套详图	门窗是装修工程中的主要施工内容之一，其形式多种多样，在室内起着分隔空间、烘托装饰效果的作用 它的样式、选材和工艺做法在装修图中有特殊的地位。其详图有门窗及门窗套立面图、剖视图和节点详图
楼地面详图	反映地面的艺术造型及细部做法等内容
小品及饰物详图	小品、饰物详图包括雕塑、水景、指示牌、织物等的制作图

二、施工图识读

图 9-1 为某酒柜立面图，该酒柜宽为 2600mm，高为 2150mm，左右对称。Ⓐ部分为展示区剖面图，Ⓑ为中间靠上部分剖面图，Ⓒ为中间下部剖面图。该酒柜以黑胡桃木面层为主。

酒柜展示区宽 350mm，高 1920mm，分为三层，每层的高度是 400mm，每层间距 200mm。酒柜的中间部分设有几处 10mm 厚玻璃层板，还有 20mm 厚的大花绿台板。酒柜的其他尺寸图中已标出。

图 9-2 为某酒柜大样图，图中Ⓐ、Ⓑ、Ⓒ代表的是详图索引符号。

Ⓐ剖面图，右上角为 50mm×20mm 胡桃木线脚，然后为 15mm 厚胡桃木板，最里侧为 12mm 厚的黑胡桃木贴面，下部为 5mm 厚的胡桃木收口。

Ⓑ剖面图，靠近墙顶部分做法与图Ⓐ的做法一致。

Ⓒ剖面图，顶面采用 20mm 厚的大花绿台板，竖立面采用 12mm 厚夹板外贴浅胡桃木，顶部用 5mm 胡桃木收口。

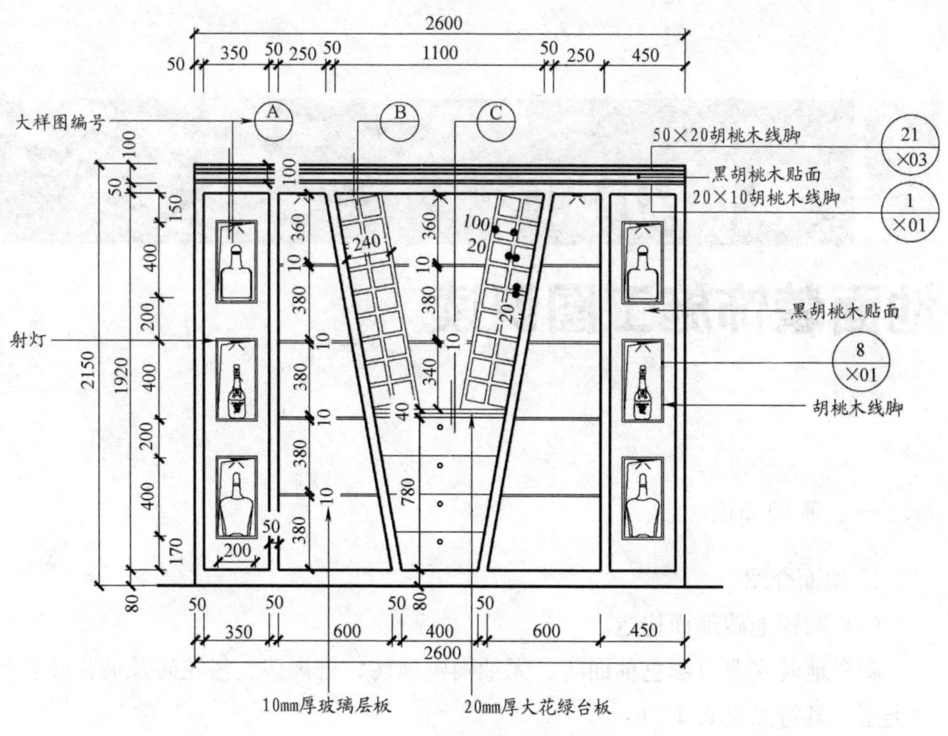

图 9-1　某酒柜立面图

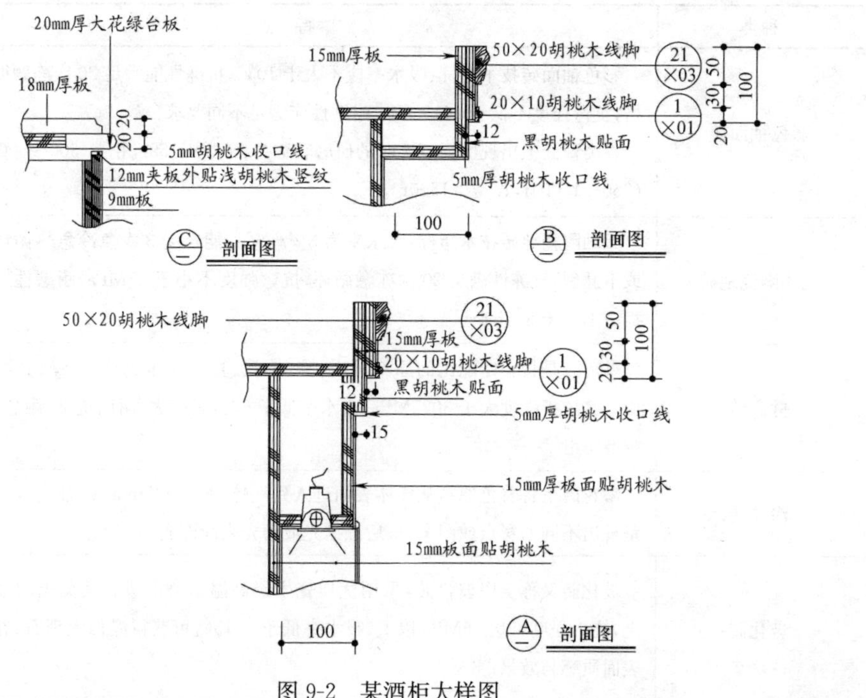

图 9-2　某酒柜大样图

第10小时

地面装饰施工图识读

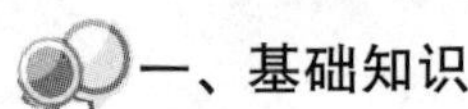

一、基础知识

1. 地面介绍

(1) 陶瓷地砖地面构造。

陶瓷地砖主要有彩色釉面砖、无釉陶瓷地砖、劈离砖、渗花砖及玻化砖等品种类型，其特点见表10-1。

陶瓷地面分类及特点　　表10-1

种类	特　点
彩色釉面砖	彩色釉面砖技术指标:吸水率应不大于10%,抗冻性能满足20次冻融循环为合格,抗弯强度不低于24.5MPa,耐磨性应满足不同要求 各类釉面上出现磨损痕迹时的研磨转数为:Ⅰ类＜150r,Ⅱ类(300～600)r,Ⅲ类(750～1500)r,Ⅳ类＞1500r
无釉陶瓷地砖	无釉陶瓷地砖技术指标:吸水率为3%～6%,能经受3次急冷急热循环不炸裂或不开裂,抗冻性满足20次冻融循环,抗弯强度不小于25MPa,耐磨性应满足磨损量不大于345mm^3
劈离砖	劈离砖是将一定配比的原料,经粉碎、炼泥、真空挤压成型、干燥、高温烧结而成。其抗折强度大于3025MPa,吸水率低于6%,硬度大,耐腐抗冻,耐急冷急热,耐磨防滑
渗花砖	渗花砖是将着色原料从坯体表面进入到坯体内(1～3)mm深,使陶瓷砖的表面呈现出不同的彩点或图案,最后经抛光或磨光表面而成
玻化砖	玻化砖又称全瓷玻化砖,采用优质瓷土经高温焙烧而成。其莫氏硬度为6以上,抗折强度可达46MPa以上,吸水率低于0.1%,可获得酷似大理石、花岗石的表面质感与效果

(2) 木楼地面的结构。

1) 木楼地面由面层和基层两大部分组成，具体见表 10-2。

木楼地面的构成 **表 10-2**

项目	内　　容
面层	面层是木楼地面直接承受磨损的部位，也是室内装饰效果的重要组成部分。因而要求面层材料耐磨性好，纹理优美清晰，有光泽，不易腐朽、开裂和变形，同时拼装组合不同的图案造型，丰富装饰效果
基层	基层是承托和固定面层的结构构造层。基层可分为水泥砂浆（或混凝土）基层和木基层 (1)水泥砂浆（或混凝土）基层，一般多用于粘结式地面和浮铺式地面 (2)木基层根据支撑方式，可分为架空式木基层和实铺式木基层两种，由木搁栅（木龙骨）、剪刀撑、垫木（压沿木）和毛地板等部分组成。木基层一般选用松木和杉木作用料

2) 木楼地面按结构构造形式不同，一般可分为架空式木楼地面、实铺式木楼地面和粘贴式木楼地面三种，具体见表 10-3。

木楼地面的分类 **表 10-3**

项目	内　　容
架空式木地板	这种木地板主要应用于面层距基底距离较大，需要砖墙或砖墩支撑才能达到设计标高的木地面。一般有如下几种情况： (1)首层木地面，考虑到房心回填土的工作量过大，或者是设备管道检修和敷设空间的要求，将木地板架空。这种情况往往采用架空式木基层，架空的高度视具体情况决定 (2)在同一层楼中，由于使用的要求，一部分地面要抬高，那么，其他地面一般也跟着抬高，这样即形成架空层 如果在同一楼层内，地面的标高要求一致，那么选用木地板就必须架空，否则会出现台阶
实铺式木地板	这种木地板是将木搁栅直接固定在结构基层上，用于地面标高已达到设计要求的场合，它是与架空式木地板相比较而存在的。由于实铺式木楼地面具有架空式木地板的大部分优点，所以在实际工程中应用较多
粘贴式木地板	这种木地板是在钢筋混凝土结构层（楼层）上，或底层地面的素混凝土结构层上做好找平层，再用粘结材料将各种木板直接粘贴而成的 粘贴式硬木地板占空间高度大，较经济，但弹性较差。若选用软木地板，则地面弹性较好

(3) 地毯地面。

1) 地毯的分类，见表10-4。

地毯的分类　　表10-4

项目	内　容
羊毛地毯	羊毛地毯也称纯毛地毯。主要原料为粗绵羊毛，具有弹性大、拉力强等优点，纯毛地毯分手织与机制两种
混纺地毯	混纺地毯是将羊毛与合成纤维混纺后再织造的地毯，其性能介于纯毛地毯和化纤地毯之间，它品种多，性能也各不相同，所以，当混纺地毯中所有纤维品种或量不同时，混纺地毯的性能也不尽相同。混纺地毯克服了纯毛地毯不耐虫蛀及易腐蚀等缺点，并且价格和纯毛地毯相比，下降许多
化纤地毯	化纤地毯是以各种化学纤维为主要原料加工制成的一种地毯，也叫合成纤维地毯。目前常用的合成纤维材料主要有丙纶、腈纶、涤纶等。其外观酷似羊毛，耐磨而且有弹性，经过特殊处理，可具有防火、防污、防静电、防虫等特点，为现代地毯业的主要产品
剑麻地毯	采用剑麻纤维为原料，经过纺纱、编织、涂胶、硫化等工序制成。具有耐酸碱、耐磨及稳定、无静电现象等特点，但弹性较其他类型的地毯稍差一些
塑料地毯	是以聚氯乙烯树脂为原料，加入填料、增塑剂等多种辅助材料，经混炼、塑化并在地毯模具中成型而制成的一种新型地毯，具有耐用、易清洗、质轻舒适等特点
橡胶地毯	以天然橡胶为原料，在蒸汽条件下模压而成，橡胶绒长一般为5～6mm，具有隔潮、防霉、耐蚀、防蛀、绝缘及清扫方便等优点

2) 地毯的铺设方式，包括活动式铺设和固定式铺设两种。

①活动式铺设，指将地毯浮搁于楼板地面基层上，将地毯裁边，粘结成一个整片，直接摊铺于地上，不与地面粘结，四周沿墙脚修齐即可。

②固定式铺设构造，将地毯四周与房间周边地面加以固定，地毯下边不设衬垫的可以用胶直接将地毯和地面粘结在一起，地毯下面设衬垫的在房间四周地面上安设带有朝天小钩的木卡条，将地毯底面固定在木卡条的小钉钩上，也可用金属压条将地毯边部卡紧，再固定于地面上。

3) 地毯铺设的辅助材料，见表10-5。

地毯铺设的辅助材料　　表10-5

项目	内　容
地毯垫层	常用的垫层材料主要有三种，色接橡胶波纹衬底垫料、人造橡胶泡沫衬底垫料和毛麻毡垫，垫料的厚度均应小于10mm，要密实均匀，避免松软
胶粘剂与接缝带	地毯用胶粘剂，主要有两类，一类是聚酯酸乙烯胶粘剂，另一类是合成橡胶粘合剂接缝带应用于地毯拼接对缝，成品为热熔式，表面为一层热熔胶，熔点为(130～180)℃

续表

项目	内　容
倒刺钉板条	为固定地毯常用件，一般采用胶合板，厚4～6mm，宽24～25mm，板上有两种斜向铁钉（朝天钉斜角为60°～75°），可钩挂地毯，并设9枚水泥钉以便打入楼地面
金属收口条	用于地毯端头或与其他饰面材料交接处，以及地面高低差部位收口处，起保护地毯端口、防止边缘被踩踏损坏的作用，通常还选用铝合金压条或锑条

（4）活动夹层地板

活动夹层地板用于防尘、导静电要求和管线敷设较集中的专业用房。

活动夹层地板是以特制的平压刨花板为基材，表面饰以三聚氰胺或氯化聚乙烯材料装饰板和底层用镀锌钢板经粘结胶合组成的活动地板块，配以横梁、橡胶垫条和可供调节高度的金属支架，组装成架空地板铺设在水泥类基层上。活动地板面层下的夹层空间可敷设有关管道和导线，并可结合需要开启检查、维修和迁移。

1）活动地板块：活动地板块共有三层，中间一层是25mm左右厚的刨花板，面层采用1.5mm厚的柔光高压三聚氰胺装饰板粘贴，底层粘贴一层1mm厚的镀锌钢板。

2）支架：支架有联网式支架和全钢式支架两种，支承结构有高架（1000mm）和低架（200mm、300mm、350mm）两种。

（5）弹性木地板。

弹性木地板广泛用于对地面弹性有较高要求的舞台、比赛场馆及练功房等场所。弹性木地板从构造上，可分为衬垫式和弓式两种。

1）衬垫式木地板：木搁栅下增设的弹性衬垫一般选用橡胶垫，也可以选用软木、泡沫塑料或其他弹性好的材料作衬垫。衬垫可以做成块状的，也可以做成条形的。

简易弹性木地面，其构造作法如下：

①在水泥砂浆基层上铺塑料薄膜防潮层。

②弹性橡胶垫按中距300mm纵横布置，并与第一层五合板用气钉枪钉牢。

③第二层五合板铺钉于第一层板之上，垂直方向布置。为避免胀缩产生地面鼓凸，在铺钉五合板时，板与板间、板与墙边留6～8mm宽的缝，面层距墙四周留6mm的缝。

④面层采用粘贴法施工，所采用的胶粘剂一般为聚酯乙烯乳液、合成橡胶胶粘剂或环氧树脂等。

2）弓式弹性木地板：弓式弹性木地板有木弓式和钢弓式两种。

①木弓式弹性木地板是用木弓支托搁栅弹性的，搁栅上铺毛板、油纸，最后铺钉硬木地板。木弓下设通长垫木，垫木用螺栓固定在结构层上，木弓长1000～1300mm，高度可根据需要的弹性，由试验确定。

②钢弓式弹性木地板将搁栅螺栓固定在特制的钢弓上。

（6）弹簧木地板地面。

弹簧木地板地面主要应用于舞厅的舞池地面和电话间。应用于舞池地面，是为了增加地面弹性，使跳舞者感到舒适。应用于电话间，是为了控制电路的开合，即弹簧木地板内加装电气开关，人进去后，地面加荷载下沉，电流接通，电灯开启；人离开后，地板复原，切断电源，电灯自动熄灭，节省用电。

2. 楼地面饰面的分类

楼地面饰面的分类见表10-6。

楼地面饰面的分类 **表10-6**

分类依据	内　　容
饰面材料	可分为水泥砂浆地面、水磨石地面、大理石（花岗石）地面、地砖地面、木地板地面及地毯地面等
构造方法和施工工艺	可分为整体类地面、块材类地面、木地面及人造软制品地面等

二、施工图识读

图10-1为某一层地面装饰施工图，该图采用1∶50的比例绘制。由图中可以看出，总宽度为6060mm，总长度8030mm。该层主要房间是餐厅、厨房、客厅以及卫生间。

（1）客厅室内净宽度2350mm，地面采用800mm×800mm的金线米黄大理石铺贴。过道地面亦采用800mm×800mm的金线米黄大理石铺贴，过道和客厅连接处采用加州金麻大理石铺贴。

（2）餐厅净宽度3760mm，地面采用600mm×600mm的抛光砖铺贴。

（3）厨房净宽度3760mm，地面铺贴300mm×300mm的抛光砖。

（4）卫生间净宽度1500mm，地面为了防滑，采用小块防滑地砖铺贴。除卫生间地面标高为－0.020m外，其他房间标高均为±0.000m。

图10-2为某二层地面装饰施工图，该图采用1∶50的比例绘制。由图中可以看出，总宽度是11900mm，总长度是8260mm。该层主要房间是书房、次卧（一）、次卧（二）与卫生间。

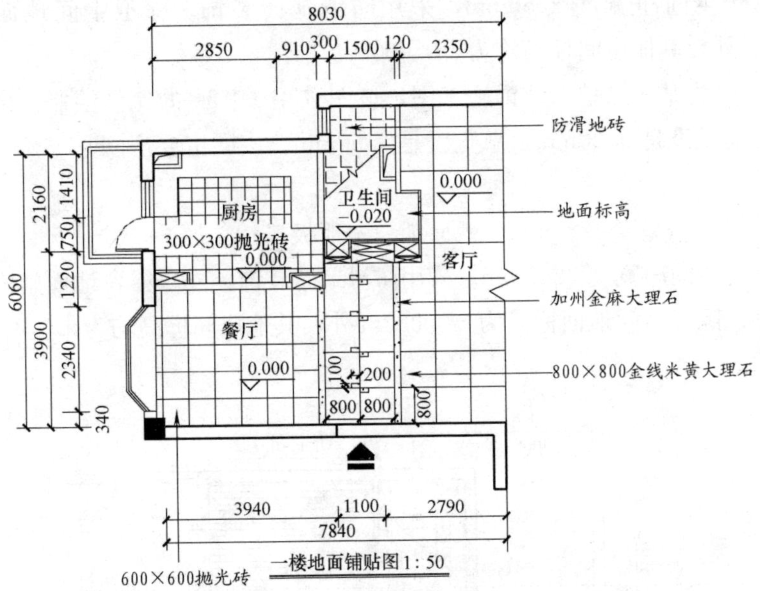

图 10-1　某一层地面装饰施工图

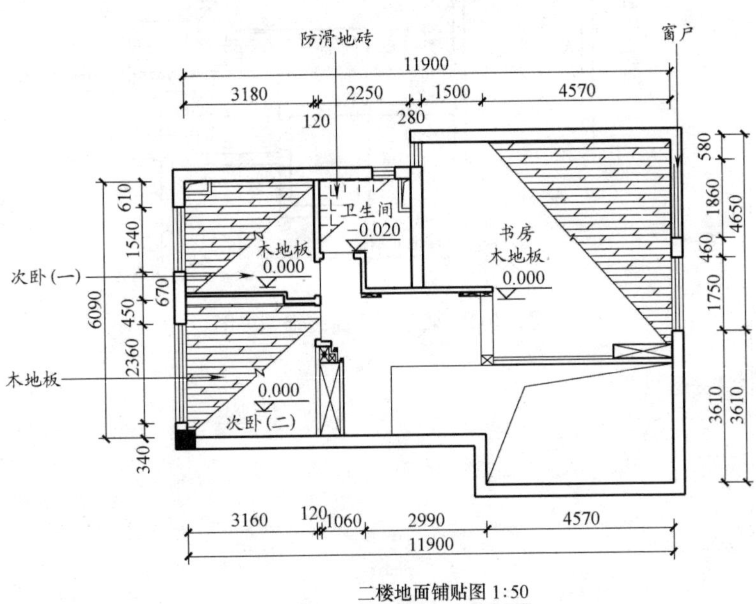

图 10-2　某二层地面装饰施工图

（1）书房净宽度 6070mm，地面铺设木地板。

（2）次卧（一）与次卧（二）净宽度 3180mm，总长度 6090mm，地面采用木地板装饰。

(3) 卫生间净宽度 2250mm，采用防滑地砖装饰。除卫生间地面标高为−0.020m外，其他房间标高均为±0.000m。

图 10-3 为某三层地面装饰施工图，该图采用 1∶50 的比例绘制。由图中可以看出，总长度是 9920mm，总宽度是 8150mm。该层主要房间是书房、卫生间与露台。

(1) 书房净宽度 4280mm，地面铺设木地板。

(2) 卫生间净宽度 2240mm，采用防滑地砖装饰。外露露台地面则采用园林地板铺贴。除卫生间地面标高为−0.020m 外，其他房间标高均为±0.000m。

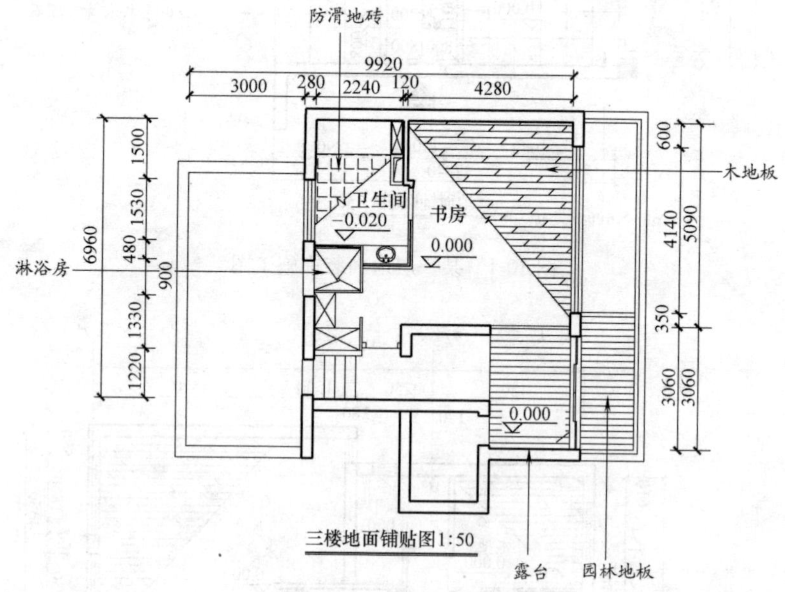

图 10-3　某三层地面装饰施工图

第11小时

楼面装饰施工图识读

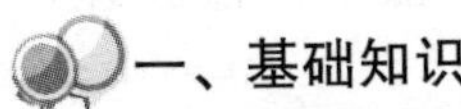

一、基础知识

1. 楼地面饰面功能

楼地面饰面，通常是指在普通的水泥地面、混凝土地面、砖地面及灰土垫层等各种地坪的表面所加做的饰面层。它一般具有三个方面的功能，见表11-1。

楼地面的饰面功能　　表11-1

项目		内容
保护楼板和地坪		保护楼板和地坪是楼地面饰面的基本要求 楼地面的饰面层是覆盖在结构构件表面之上的，在一定程度上缓解了外力对结构构件的直接作用，可以起到耐磨、防碰撞破坏及防止渗透而引起的楼板内钢筋锈蚀等作用。这样就保护了结构构件，尤其是材料强度较低或材料耐久性较差的结构构件，从而提高了结构构件的使用耐久性
满足使用要求	隔声要求	空气传声的隔绝方法，首先是避免地面有裂缝和孔洞；其次还可增加楼板层的容重，或采用层叠构造。层叠构造处理恰当，可以收到隔绝空气传声和撞击传声的双重效果 撞击传声的隔绝，其途径主要有两个：一是采用浮筑或弹性夹层地面的作法，二是采用弹性地面。前一种构造施工较复杂，而且效果也一般，因而较少采用；弹性地面主要是利用富于弹性的铺面材料作面层，做法简单，能较好地吸收一部分冲击能量
	吸声要求	在标准较高、室内音质控制要求严格及使用人数较多的公共建筑中，合理地选择和布置地面材料，对于有效地控制室内噪声具有积极的作用。一般来说，表面致密光滑、刚性较大的地面，如大理石地面，对于声波的反射能力较强，吸声能力极差。而各种软质地面，可以起到较大的吸声作用，如化纤地毯的平均吸声系数达到0.55

续表

项目		内　容
满足使用要求	保温性能要求	从材料特性的角度考虑，水磨石地面和大理石地面等都属于热传导性较高的材料，而木地板和塑料地面等则属于热传导性较低的地面 从人的感受角度加以考虑，人会以某种地面材料的导热性能的认识来评价整个建筑空间的保温特性
	弹性要求	弹性材料的变形具有吸收冲击能力的性能，冲力很大的物体接触到弹性物体，其所受到的反冲力比原先要小得多，因此，人在具有一定弹性的地面上行走，感觉会比较舒适。对于一些装修标准较高的建筑室内地面，应尽可能采用有一定弹性的材料作为地面的装修面层
满足装饰方面的要求		楼地面的装饰是整个工程的重要组成部分，对整个室内的装饰效果有很大影响。它与顶棚共同构成了室内空间的上、下水平要素，同时通过二者巧妙的组合，可使室内产生优美的空间序列感

2. 楼地面构造层次及作用

楼地面构造基本上可以分为基层和面层两个主要部分。为满足找平、结合、防水、防潮、弹性、保温隔热及管线敷设等功能上的要求，往往还要在基层与面层之间增加相应功能的附加构造层，亦称为中间层。具体见表11-2。

楼地面构造　　**表 11-2**

项目		内　容
基层		底层地面的基层是指素土夯实层。对于较好的填土，只要夯实即可满足要求。土质较差时，可掺碎砖和石子等骨料夯实 夯填要分层进行，层厚一般为300mm。填土的质量应符合现行《土方与爆破工程施工及验收规范》的有关规定
附加构造层	垫层	垫层是指承受并均匀传递荷载给基层的构造层，分刚性垫层和柔性垫层两种 (1)刚性垫层有足够的整体刚度，受力后变形很小。常采用C10～C15低强度素混凝土，厚度一般为50～100mm (2)柔性垫层整体刚度较小，受力后易产生塑性变形。常用灰土、三合土、砂、炉渣、矿渣及碎(卵)石等松散材料，厚度为50～150mm不等 1)三合土垫层为熟化石灰、砂和碎砖的拌合物，拌合物的体积比宜为1∶3∶6(或1∶2∶4)，或按设计要求配料 2)炉渣垫层有三种：一是单用炉渣；二是炉渣中掺有一定比例的水泥，如1∶6水泥焦渣；三是水泥、石灰与炉渣的拌合物，如1∶1∶8水泥白灰焦渣，既可用于垫层，也可用于填充层
	找平层	找平层是起找平作用的构造层。通常设置于粗糙的基层表面，用水泥砂浆(约20mm厚)弥补取平，以利于铺设防水层或较薄的面层材料

续表

项目		内　容
附加构造层	隔离层	隔离层用于卫生间、厨房、浴室、盥洗室和洗衣间等地面的构造层，起防渗漏的作用，对底层地面又起防潮作用
	填充层	填充层是起隔声、保温、找坡或敷设暗管线等作用的构造层。填充层的材料可用松散材料、整体材料或板块材料，如水泥石灰炉渣、加气混凝土及膨胀珍珠岩块等
	结合层和黏结层	结合层是促使上、下两层之间结合牢固的媒介层，如在混凝土找坡层上抹水泥砂浆找平层，其结合层的材料是素水泥浆；在水泥砂浆找平层上涂刷热沥青防水层，其结合层的材料是冷底子油
面层		面层是指人们进行各种活动与其接触的地面表面层，它直接承受摩擦和洗刷等各种物理与化学的作用。根据不同的使用要求，面层的构造也各不相同

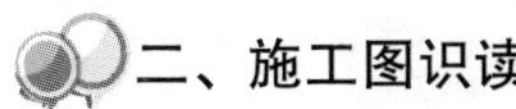

二、施工图识读

图 11-1 为某楼面装饰施工图一部分。图中给出正面装饰材料位置。正面白色区域采用火烧饰面板。上半部分窗户采用火烧板饰面线条，墙面采用白乳胶漆，最底层玻璃采用防弹玻璃，柱子采用绿蝴蝶花岗石饰面。侧面灯箱专业定做。图中已给出具体尺寸。

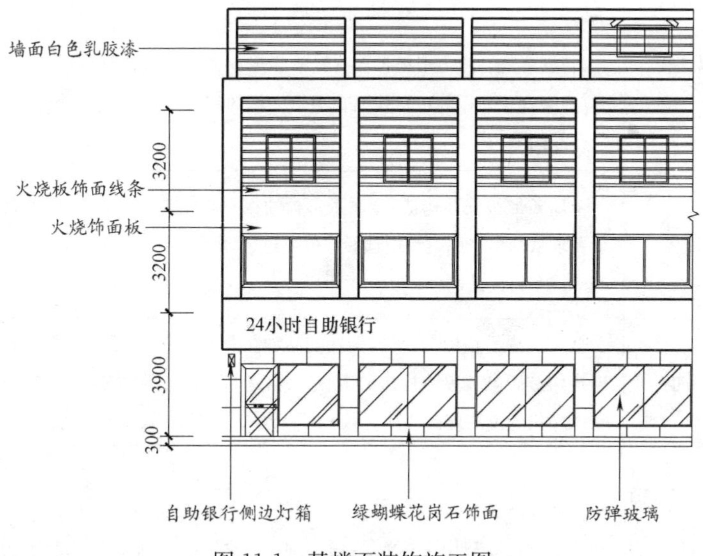

图 11-1　某楼面装饰施工图

第12小时

顶棚平面图识读

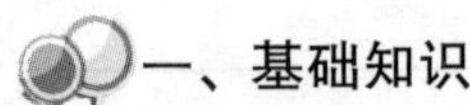

一、基础知识

1. 顶棚的构造组成

(1) 金属板吊顶。

金属板吊顶包括三种，见表12-1。

金属板吊顶 **表12-1**

分类	内　容
金属方形吊顶板	金属方形吊顶板安装构造：金属方形吊顶板的作法有搁置式和嵌入式两种构造形式 (1)搁置式。将方形板带翼搁置于T形龙骨下部的翼板上 (2)嵌入式。用与板材相配套的带夹簧的特制三角夹嵌龙骨，夹住方形配套板边凸起的卡口
金属条形板	金属条形板安装构造：金属条形板的板条与龙骨均为配套产品，使用时依据设计要求从众多产品类型中选择。但不论选择何种类型与型号，其构造方式一般为嵌卡式和钉固式
金属搁栅吊顶	金属搁栅吊顶构造：金属搁栅的品种主要分为空腹式搁栅和挂板吊顶，其单体连接构造影响着单体构造的组合方式，通常采用将预拼安装的单体构件插接、挂接或榫接的方法连接成片。悬吊时一般采用配套吊件或自制连接件

(2) 木质吊顶。

1) 所谓木质吊顶，属典型的传统建筑装修工艺。传统作法是借用房屋的脊檩、檩条和椽子等为支承骨架（代替主龙骨），再用次龙骨钉成间距不同的方格状，并用直方木或钢丝吊挂在支承骨架上。木质吊顶，目前只在某些必需的和特

定的环境使用，或作为大面积金属龙骨吊顶的辅助手段，如吊顶灯槽、藻井及各吊顶孔洞的固定连接。

2）木质吊顶主要由三部分组成：吊杆（或吊筋）、木龙骨、面层。

悬吊支承部分，悬挂于屋顶或上层楼面的承重结构上。一般垂直于桁架方向设置主龙骨，间距为1.5m左右。在主龙骨上设吊筋，吊筋一般为钢筋或木吊筋。吊筋与主龙骨的结合，根据材料的不同可分别采用螺栓固结、钉固及挂钩等方向。

如果是在传统的脊顶式建筑内做木质吊顶，吊杆应采用木直方（40mm×40mm），吊杆的上端用两根圆钉与木檩条钉牢，下端与主龙骨用钉连接，主龙骨与次龙骨既可以用木方钉连接，也可将次龙骨直接钉在主龙骨上。若是吊顶层承重较轻时，也可以直接以檩条代替主龙骨，而将次龙骨用吊筋悬吊在檩条下方。次龙骨（平顶筋）用木方制成间距相等的方格，其布置方式及间距，要根据面层所用材料而定，一般次龙骨的间距不大于60cm。

2. 顶棚平面图识读方法与步骤

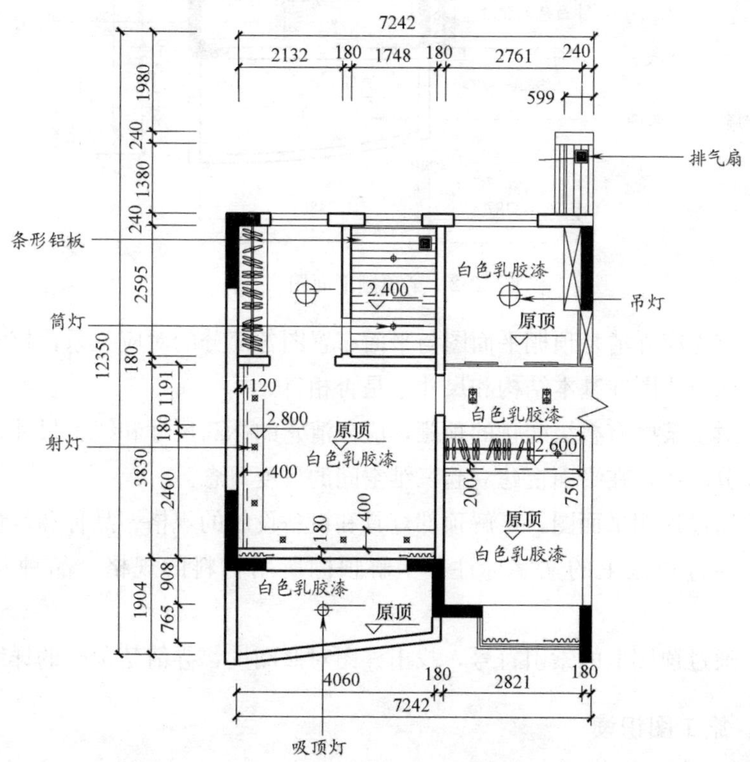

图12-1　某顶棚平面图（一）

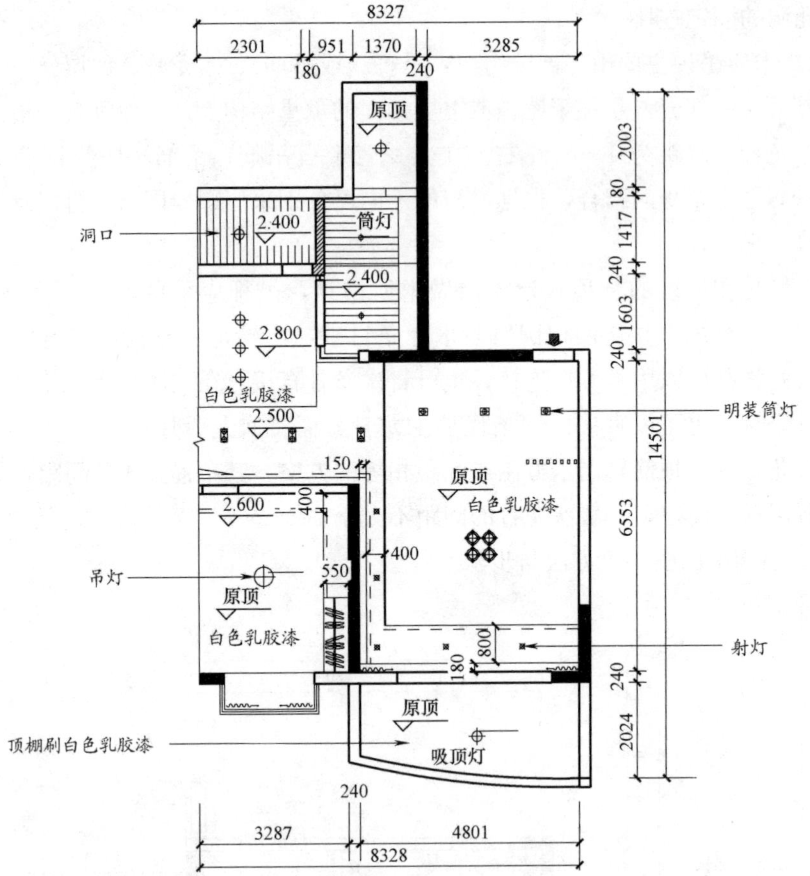

图 12-2　某顶棚平面图（二）

（1）首先应弄清楚顶棚平面图与平面布置图各部分的对应关系，核对顶棚平面图与平面布置图在基本结构和尺寸上是否相符。

（2）对于某些有叠级变化的顶棚，应分清它的标高尺寸和线型尺寸，并结合造型平面分区线，在平面上建立起三维空间的尺度概念。

（3）通过顶棚平面图，了解顶部灯具和设备设施的规格、品种和数量。

（4）通过顶棚上的文字标注，了解顶棚所用材料的规格、品种及其施工要求。

（5）通过顶棚上的索引符号，找出详图对照阅读，弄清楚顶棚的详细构造。

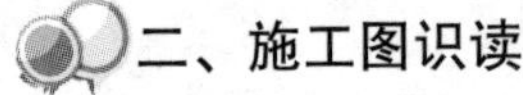

二、施工图识读

图 12-1 是某顶棚平面图（一），比例为 1∶50。

（1）主卧中间为原顶，顶棚刷白色乳胶漆，四周做假吊顶装饰，宽 400mm，内嵌射灯。标高＋2.800m。

（2）主卫顶棚采用条形铝板装饰，安装筒灯，标高＋2.400m。

（3）南侧观景阳台采用白色乳胶漆刷顶，安有吸顶灯。

（4）书房为原顶棚，刷白色乳胶漆，安装吊灯。

（5）餐厅顶棚刷白色乳胶漆装艺术吊灯，并装两头栅栏射灯，标高＋2.800m。

图 12-2 是某顶棚平面图（二），比例为 1∶50。

（1）客厅顶棚为原顶棚，不做任何额外的装饰，入口处外 3 个明装筒灯，顶棚刷白色乳胶漆，四周做假顶棚装饰内装射灯，标高＋2.800m。

（2）厨房顶棚采用条形铝板吊顶，安装吊灯，标高＋2.400m。储物室顶棚为原顶棚，刷白色乳胶漆。

（3）淋浴房采用条形铝板吊顶，标高＋2.400m。

（4）父母房顶棚为原顶棚，刷白色乳胶漆，安装吊灯。

（5）南侧阳台采用白色乳胶漆刷顶。

第13小时

别墅顶棚平面图识读

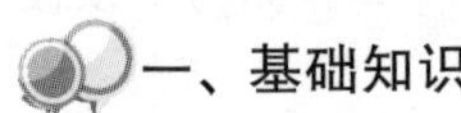

一、基础知识

1. 顶棚的分类

根据饰面层与主体结构的相对关系不同，顶棚可分为直接式顶棚和悬吊式顶棚两大类，具体见表 13-1。

顶棚的分类 表 13-1

项　　目	内　　容
直接式顶棚	直接式顶棚是指在结构层底部表面上直接做饰面处理的顶棚。这种顶棚做法简便、经济可靠，而且基本不占空间高度，多用于装修性要求一般的普通住宅、办公楼及其他民用建筑，特别适于空间高度受限的建筑顶棚装修
悬吊式顶棚	(1)按顶棚外观的不同分：有平滑式顶棚、悬浮式顶棚、分层式顶棚等 (2)按顶棚结构层或构造层显露状况的不同分：有隐蔽式顶棚、敞开式顶棚等 (3)按龙骨所用材料的不同分：有木龙骨吊顶、轻钢龙骨吊顶、铝合金龙骨吊顶等 (4)按饰面层与龙骨的关系不同分：有活动装配式顶棚、固定式顶棚等 (5)按饰面层所用材料的不同分：有木质顶棚、石膏板顶棚、金属薄板顶棚、玻璃镜面顶棚等 (6)按顶棚承受荷载能力大小的不同分：有上人顶棚、不上人顶棚等

2. 顶棚装修的作用

(1) 装饰室内空间。

1) 顶棚是室内装修的一个重要组成部分，是除墙面和地面之外，用以围合成室内空间的另一大面。它从空间、光影及材质等诸方面，渲染环境，烘托气氛。

2）不同功能的建筑和建筑空间对顶棚装修的要求不尽一致，因而装修构造的处理手法也有所区别。顶棚选用不同的处理方法，可以取得不同的空间效果。有的可以有延伸和扩大空间感，对人的视觉起导向作用；有的可使人感到亲切、温暖和舒适，以满足人们生理和心理的需要。

(2) 改善室内环境，满足使用要求。顶棚的处理不仅要考虑室内装饰效果和艺术风格的要求，而且还要考虑室内使用功能对建筑技术的要求。照明、通风、保暖、隔热、吸声或反声、音响及防火等技术性能，将直接影响室内的环境与使用。

二、施工图识读

图 13-1 为某别墅一层顶棚平面图，入口从下方进入，玄关顶棚采用 150mm×90mm 的胡桃木饰面假梁。

(1) 左侧餐厅和客厅顶棚，中间造型吊顶，安装造型吊灯。四周暗藏灯管，并在四周布设筒灯，中间标高＋3.200m。

(2) 厨房顶棚采用 150mm 宽杉木吊顶，安装筒灯，标高＋2.400m。

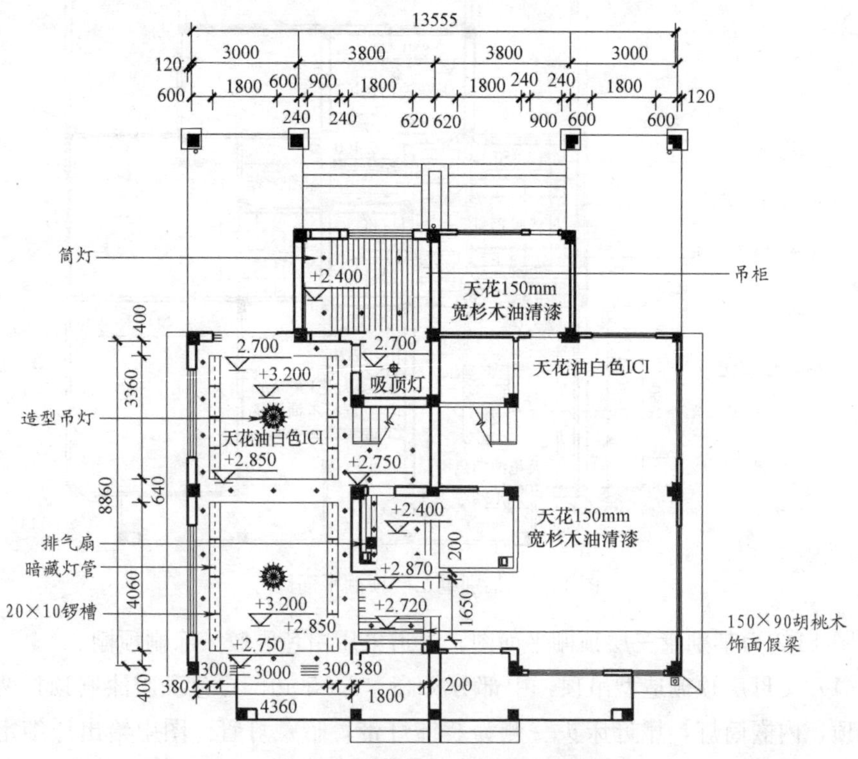

图 13-1　某别墅一层顶棚平面图

(3) 卫生间采用150mm宽杉木吊顶，安装筒灯，标高+2.400m。

图13-2为某别墅二层顶棚平面图，主卧室顶棚中心一块布艺天花造型，内暗藏灯管，四周围布设筒灯，中间标高+2.850m。

(1) 书房顶棚则是由杉木吊顶，规格有35mm×40mm、35mm×50mm、天花350mm宽三种，具体布置方式见图。吊顶采用清漆油漆，并安装日式吸顶灯，标高+2.850m。

(2) 儿童房顶棚漆白色乳胶漆，安装吸顶灯，标高+2.850m。

(3) 主卫间采用150mm宽杉木吊顶，并采用清漆油漆，安装筒灯，标高+2.320m。

(4) 淋浴房则是采用条形铝板装饰，标高+2.400m。

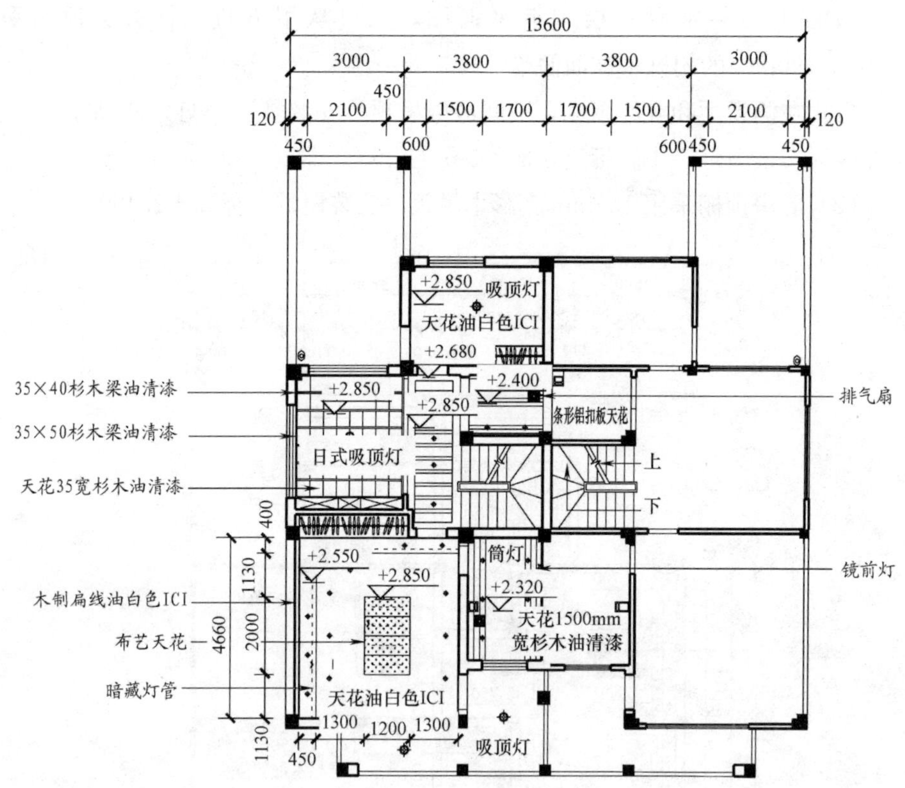

图13-2　某别墅二层顶棚平面图

图13-3为某别墅三层顶棚平面图，过道采用白色乳胶漆涂刷顶棚。

(1) 父母房顶棚造型吊顶，中部分标高+2.750m，白色乳胶漆刷顶，两边装饰顶，内嵌筒灯，靠近床头一侧为装饰灯带，暗藏灯管。图中给出详细定位尺寸。

（2）淋浴房采用条形铝板装饰，标高＋2.400m，房间设有排气扇，利于排出热气。

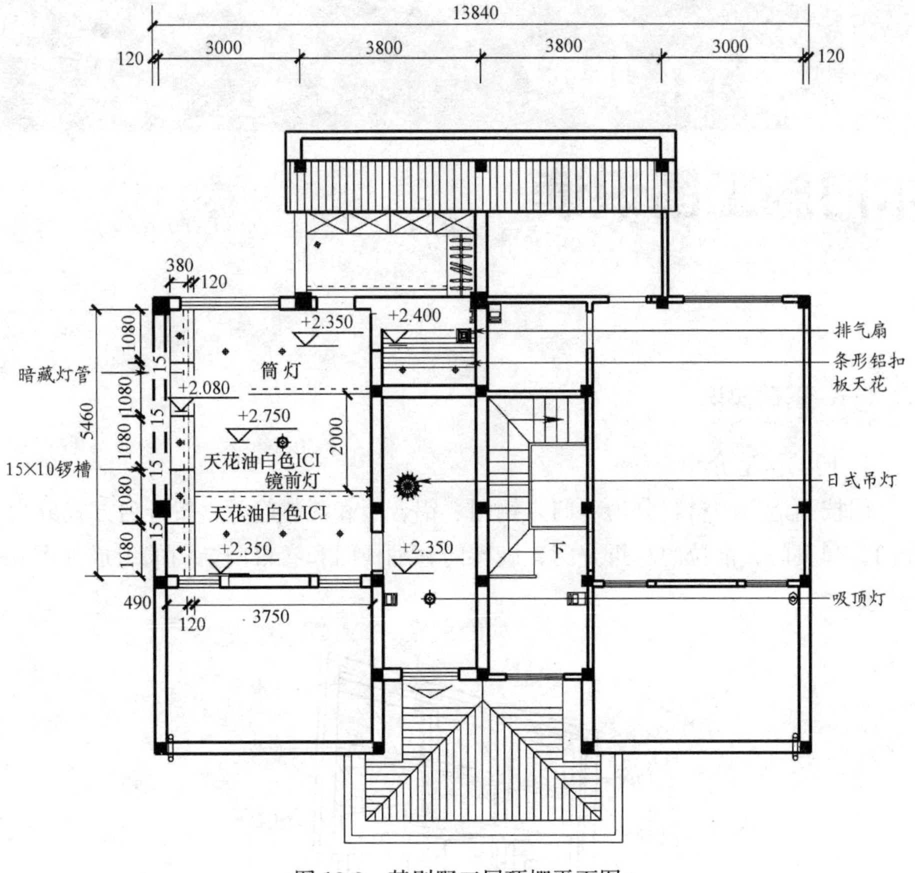

图 13-3　某别墅三层顶棚平面图

第14小时

木门施工图识读

一、基础知识

1. 门的构造介绍

门按制造门的材料分为木门、钢门、铝合金和塑料门等。按开启方式分为平开门、弹簧门、推拉门、折叠门、旋转门、翻板门和卷帘门。门的组成如图14-1所示。

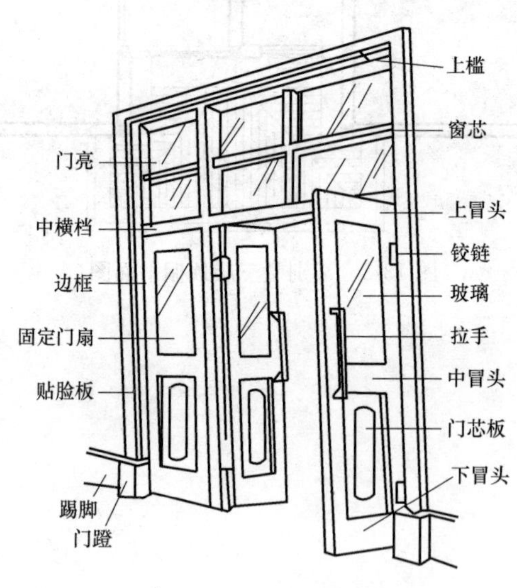

图 14-1　门的组成

2. 防火卷帘门概述

防火卷帘门是由帘板、卷帘筒、导轨和电力传动等部分组成。

帘板采用 1.5mm 厚的钢扣片重叠连锁，它具有刚度好、密封性能优异等特

点。这种门还可以配置温感、烟感、光感报警系统，水幕喷淋系统，遇有火情会自动报警、自动喷淋、门体自动下降，定点延时关闭，使受灾人员得以疏散，防火综合效能比较明显。

3. 普通卷帘门概述

（1）普通卷帘门是由若干帘板组成的帘板结构，它具有防风砂、防盗等功能，应用比较普遍。普通卷帘门也可以采用扁钢、圆钢和钢管组成的通花结构。它们的开关和启闭可以采用手动、电动兼手动或自动开启等方式。

（2）卷帘门一般安装在洞口外侧，帘板由外侧卷起，也可以安装在洞口内部。

（3）卷帘门有单樘门、连樘门、带小门和带硬扇（硬扇上开小门）等几种做法，卷帘箱一般在门的上部。

二、施工图识读

图 14-2 为木门施工图。图中木门是由一个立面图与七个局部断面图组成，完整地表达出不同部位材料的形状、尺寸和一些五金配件及其相互间的构造关系。

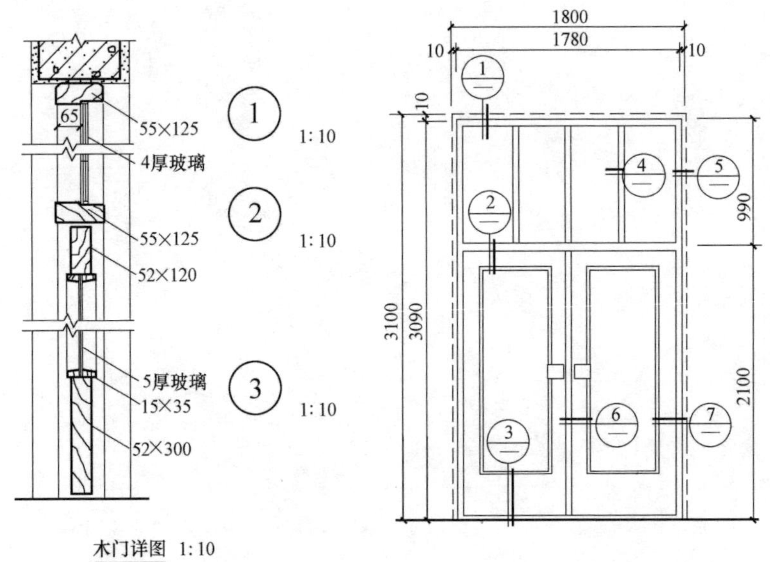

图 14-2　木门施工图

该门的立面图是一幅外立面图。在立面图中，最外围的虚线表示门洞的大小，宽 1800mm，高 3100mm。木门分成上下两部分，上部固定高 990mm，下部为双扇弹簧门高 2100mm。在木门与过梁及墙体之间有 10mm 的安装间隙。

详图索引符号的粗实线表示剖切位置，细的引出线是表示剖视方向，引出线在粗线之左，表示向左观看；同理，引出线在粗线之下，表示向下观看。

图中已给出了部分详图，即木门从上到下的构造图。从详图中可以看出固定窗玻璃厚 4mm，双扇活动门玻璃厚 5mm。

第15小时

酒店门样式图识读

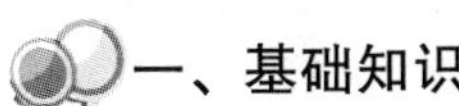

一、基础知识

1. 全玻璃自动门概述

全玻璃自动门内容见表 15-1。

全玻璃自动门介绍　　表 15-1

项目	内　容
特点及用途	(1)全玻璃自动门的门扇，一般采用铝合金作外框，也可以采用无框玻璃门 这种门一般为中分式，其控制方法是采用信号系统控制机械系统（电动、气动、油压），开启形式有推拉、平开、转动、上翻等多种形式，信号控制方法有超声波、电磁场、光电管、接触板四种。门扇运行有快有慢，可以自行调换。它的启闭、运行、停止等动作均可以达到最佳协调状态，以确保其关闭严密。若人或物被夹在门中间时，自控电动机会自动停电。这种门安全可靠、使用方便，若遇有停电，还可以进行手控 (2)它适合于宾馆、饭店、大厦、机场、医院、商场、计算机房及洁净车间采用
门的构造	门外框为铝合金，表面为银白色或茶色，其立面形式有两扇型、四扇型、六扇型等，在自动门的顶部，设有通长的机箱层，用于安置自动门的机电装置
开关原理	ZM -E_2 型自动门是光电管微波控制的自动门，其开关构造由感应开关目标信号的微波器和进行信号处理的二次电路控制两部分组成 (1)微波传感器采用工波段微波信号的“多普勒”效益原理，对感应范围内的活动目标所反映的作用信号进行放大检测，从而自动输出开门或关门控制信号。一档自动门出入控制一般只需要用两只感应探头，一台电源配套使用 (2)二次电路控制箱是将微波传感器的开关信号转化为控制电动机正、反旋转的信号处理装置。它由逻辑电路、触发电路、可控硅主电路、自动报警停电机路及稳压电路等组成。主要电路采用集成电路技术，使整机具有较高的稳定性和可靠性 微波传感器和控制箱均使用标准插件连接，使用机种具有互换性和通用性。微波传感器及控制箱在自动门出厂前均已安装在机箱内

2. 装饰门概述

装饰门的构造做法多为镶板门或半截玻璃门。一般选用优质木材制作，表面刷油漆，玻璃多采用3～5mm厚的净白色玻璃或压花玻璃，其具体厚度由面积大小而定。

装饰门的洞口宽度有750mm、900mm、1000mm、1500mm等，其中仅1500mm为双扇门，其余均为单扇门；洞口高度有2100mm。门的表面花纹有多种形式。此外，还有塑料浮雕装饰门，它以木材为基材，以PVC塑料浮雕为装饰面制成。塑料面取古代繁雕工艺，有仿紫檀木、仿本色花纹等色调，装饰效果非常明显。这种门有木板门的优良特性，还具有防潮、阻燃、抗变形等特点。

二、施工图识读

图15-1为某酒店门样式图（一）部分，图中共有三种装饰门。

第一种是半截玻璃单扇门，门洞宽900mm，高2100mm。门可以分为两部分，中间部分为900mm高的磨砂玻璃，其余部分为胡桃木饰面，外围50mm为门套扫白。

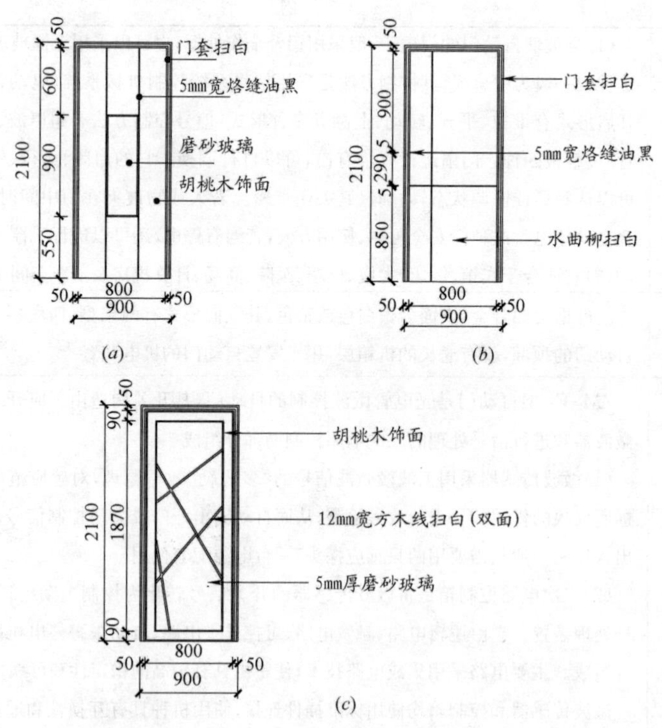

图15-1 某酒店门样式图（一）部分

第二种是单扇镶板门，门洞宽 900mm，高 2100mm。门饰面为水曲柳，外围 50mm 为门套扫白。

第三种是半截玻璃单扇门，门洞宽 900mm，高 2100mm。门可以分为两部分，中间部分为 1870mm 高的磨砂玻璃，厚 5mm，玻璃四周为胡桃木饰面。

具体做法详见图纸。

图 15-2 为某酒店门样式图（二）部分，图中共有三种装饰门。

第一种是半截玻璃单扇门，门洞宽 850mm，高 2100mm。门可以分为两部分，中间部分为 1870mm 高的磨砂玻璃，厚 5mm，玻璃四周为胡桃木饰面。

第二种是半截玻璃单扇门，门洞宽 850mm，高 2100mm。门可以分为两部分，一部分为甲骨文玻璃，其余部分则为胡桃木饰面。

第三种是半截玻璃单扇门，门洞宽 850mm，高 2100mm。门可以分为三部分，一部分为 5mm 厚的甲骨文玻璃，一部分是在门中心水平方向设 80mm 宽的线条，材质是铝塑板饰面，竖直方向设黑胡桃木线条，其余部分则为胡桃木饰面。

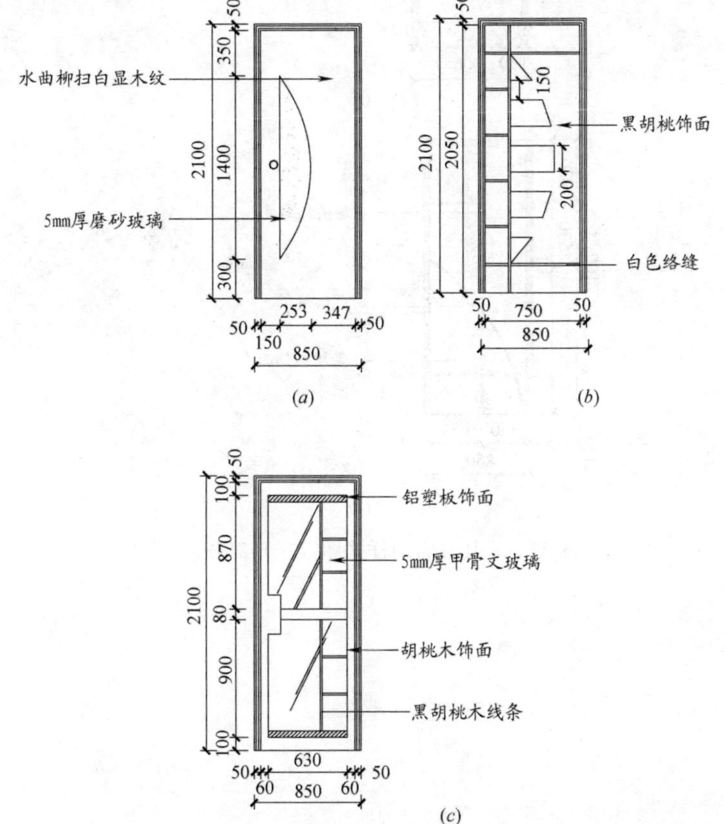

图 15-2 某酒店门样式图（二）部分

具体做法详见图纸。

图 15-3 为某酒店门样式图（三）部分，图中共有两种装饰门。

第一种是镶板门，门洞宽 900mm，高 2100mm。门可以分为三部分，一部分刷 800mm 高的蓝色涂料，一部分扫白，另外在涂料的下部要勾白缝。

第二种是半截玻璃单扇门，门洞宽 850mm，高 2100mm。门可以分为两部分，一部分为双层树纹玻璃，高 530mm，其余部分则为黑胡桃饰面。

具体做法详见图纸。

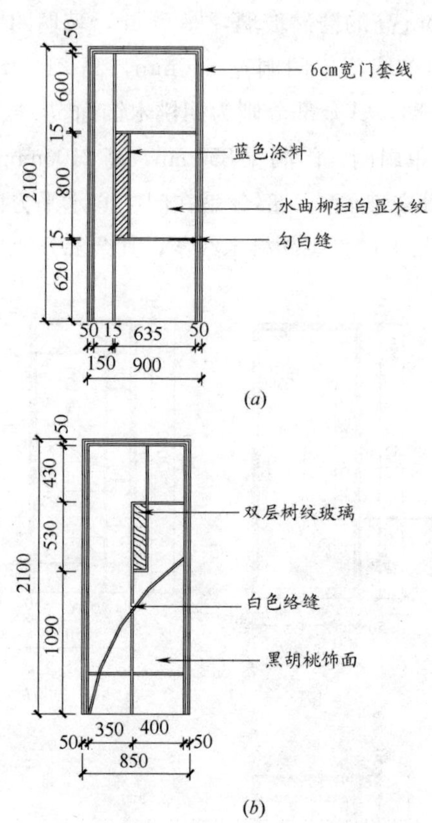

图 15-3　某酒店门样式图（三）部分

第16小时

凸窗施工图识读

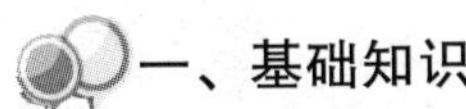

一、基础知识

1. 窗的分类与组成

(1) 窗的分类。

窗的分类见表 16-1。

窗的分类 **表 16-1**

分类因素	内　　容
材料	窗因材料不同可分为木窗、钢窗、铝合金窗和 PVC 塑料窗等
开启方式	以开启方式的不同分，则有固定窗、平开窗、上悬窗、中悬窗和下悬窗及推拉窗等多种形式
用途	按用途的不同分有天窗、老虎窗、双层窗、百叶窗和眺望窗等

(2) 窗的一般组成，如图 16-1 所示。

2. 传递窗

传递窗施工图识读时，应注意它的平面形式和构造。传递窗多用于暗室或具有高气压、洁净、恒温、隔声等有密闭要求的房间。传递窗有平开、水平推拉、上下提拉、旋转式和箱式等多种形式，如图 16-2 所示。

传递窗一般采用木材或钢材制作。其高度不宜过大，一般在 1200mm 左右，若采用箱式时，两层窗的中间空隙应保证在 500mm 左右。

二、施工图识读

图 16-3 为某凸窗施工图，包括平面图和立面图，比例为 1∶50。从平面图上

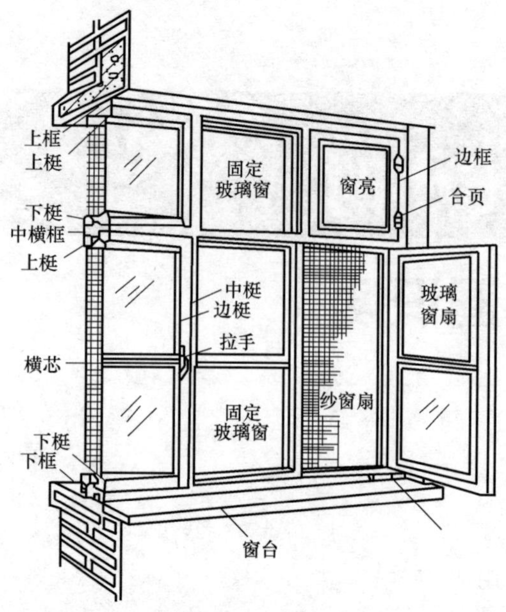

图 16-1　窗的组成

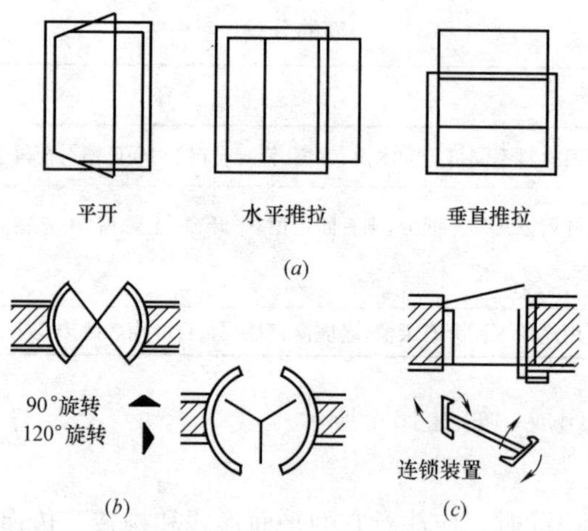

图 16-2　传递窗的平面形式

(*a*) 一般传递窗（常用于售票、售饭、领发物等）；

(*b*) 旋转式（常用于作暗室防光传片窗）；(*c*) 箱式

可以看出，凸窗呈半圆形造型，内径为1250mm，外径为1450mm，凸窗宽度为4240mm，凸窗中间部分采用 ϕ40 不锈钢管扶手，防火裙墙 800mm（高）、100mm（宽）耐火极限不低于 1h，且复式上层无窗台。凸窗大样详图见 $\frac{3}{J通-21}$。

从立面图中可以看出凸窗高度为 2650mm，中间半圆形窗户玻璃采用 10mm 厚钢化玻璃。

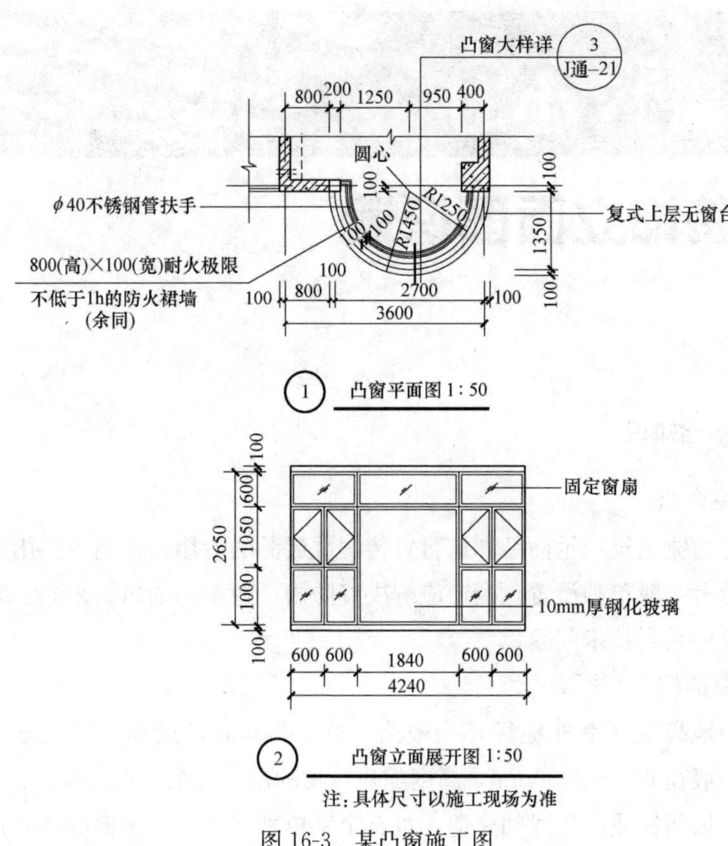

图 16-3　某凸窗施工图

第17小时

橱窗装饰立面图识读

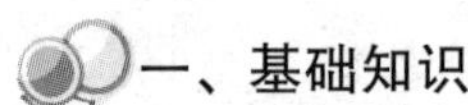

一、基础知识

1. 橱窗介绍

橱窗是商业建筑展示商品和进行宣传摆放展品的专用窗。前者多用于建筑物的首层，后者一般单独设置。橱窗应解决好防雨、遮阳、通风、采光、凝结水及灯光布置等一系列技术问题。

2. 橱窗的构造

橱窗距地高度（室外地坪）一般为 300～450mm，最高不宜大于 800mm。橱窗深度一般在 600～2000mm，高度随建筑物的层高及展示的展品而定。

橱窗多依两柱或两砖垛间建造，也有个别单独建造的。橱窗的地面宜采用木地板，距室内地坪应高出 200mm，橱窗地面的底部应做好通风设施（通风篦子），橱窗玻璃一般选用 10mm 厚左右的橱窗玻璃（多用有机玻璃），并用硅酮胶进行嵌缝，玻璃面积不宜大于 $2m^2$。橱窗的窗框可以做成钢材、钢木、铝合金、木材等多种。橱窗顶部应做吊顶并做通风口，吊顶方式有木板、轻钢等，并在顶棚内安装灯具。橱窗的后墙应采用五合板制作木夹板墙。

3. 宣传橱窗

单独设置的宣传橱窗，多依附于钢筋混凝土柱之间，柱子间距不宜过大，一般在 3000 ～3500mm，中间多分为 3 个橱窗单元，最多时不超过 5 个。每个橱窗的高度为 800～1000mm，长度为 900～1000mm。玻璃厚度一般取 5mm 厚净白片玻璃，橱窗后衬采用五合板并做有开启的小门。橱窗顶部应做有雨篷，前部伸出尺寸应大于后部伸出尺寸。宣传橱窗可以采用钢材、木材和铝合金制作。

二、施工图识读

图 17-1 为某橱窗装饰立面图，上边是左半部分橱窗，下边是右半部分橱窗。橱窗高 3800mm，总长 13360mm，橱窗左侧为模特展示窗口，地台采用黑胡桃木质地台，背板采用白色乳胶漆涂刷，模特身后采用宽 800mm，高 2900mm 的造型装饰，内暗藏灯管，顶部采用拉杆射灯。

右侧为衣橱展示区，采用白色乳胶漆打底，衣橱材质为黑胡桃木，暗藏日光灯带，挂衣服采用的是砂光不锈钢方管。具体定位尺寸图中详细给出。

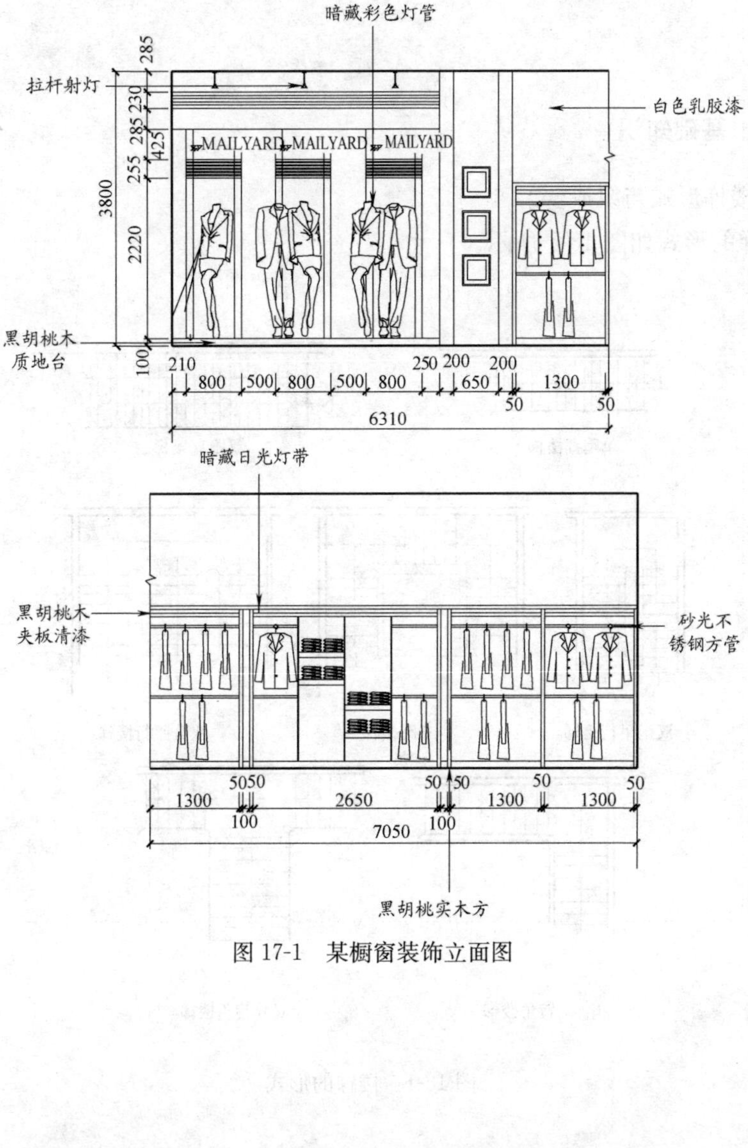

图 17-1　某橱窗装饰立面图

第18小时

建筑楼梯施工图识读

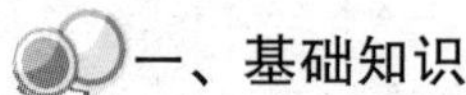

一、基础知识

1. 楼梯形式与组成

楼梯的形式如图 18-1 所示。

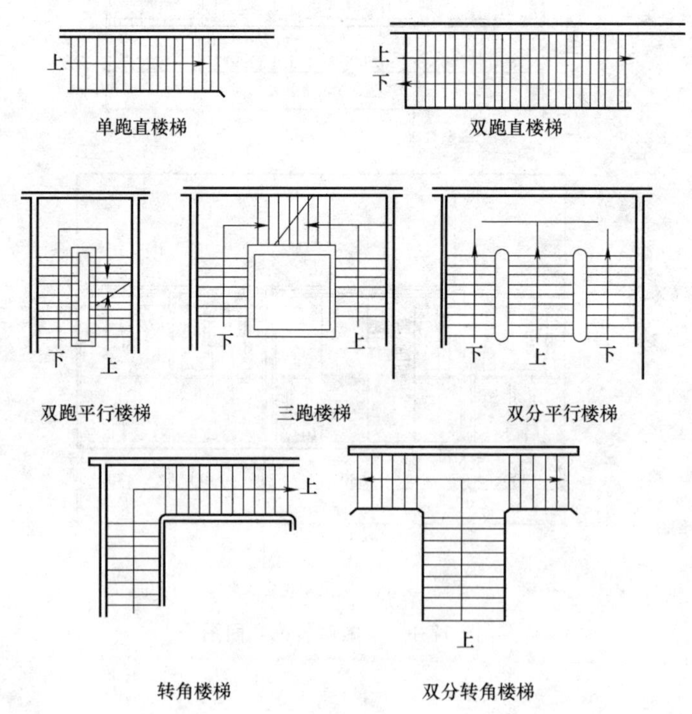

图 18-1　楼梯的形式

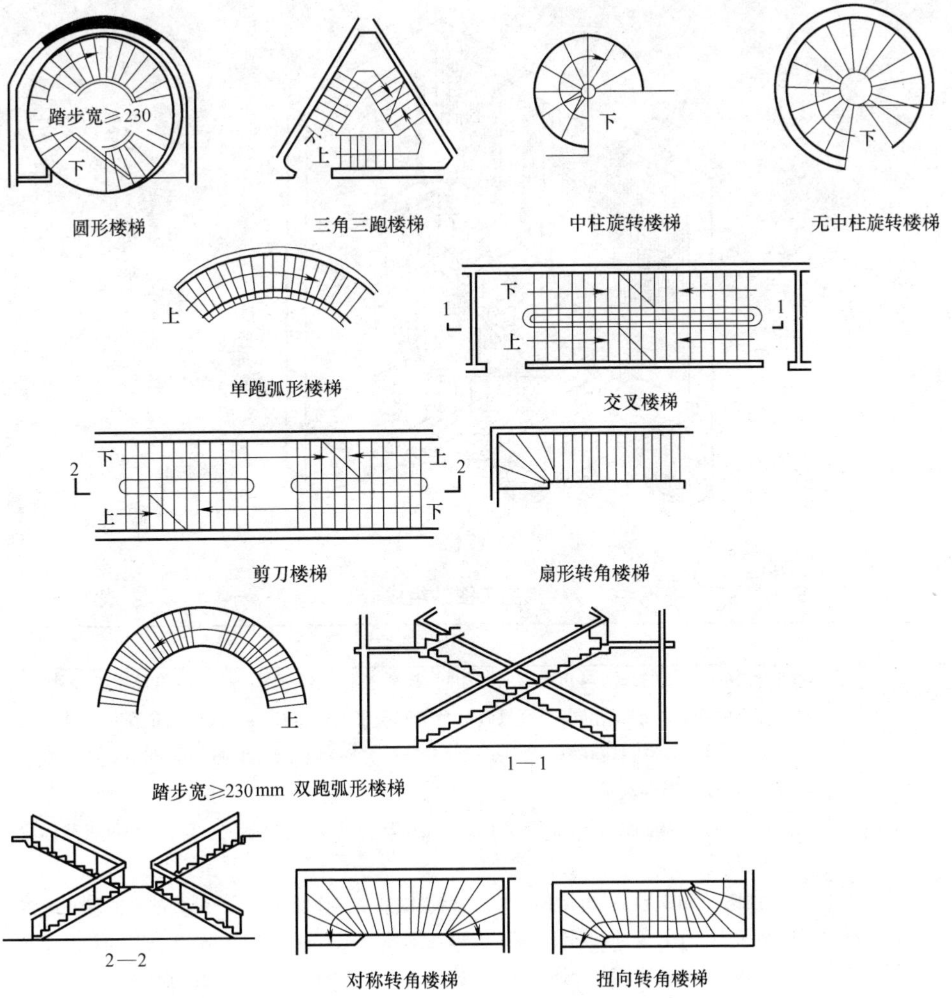

踏步宽≥230 下

圆形楼梯

下 上

三角三跑楼梯

下

中柱旋转楼梯

下

无中柱旋转楼梯

上

单跑弧形楼梯

下 上 1 1

交叉楼梯

下 上 上 下 2 2

剪刀楼梯

扇形转角楼梯

上

踏步宽≥230mm 双跑弧形楼梯

1—1

2—2

对称转角楼梯

扭向转角楼梯

图 18-1　楼梯的形式（续）

楼梯的结构材料有钢筋混凝土、钢、木、铝合金及混凝土—钢、钢—木质复合材料等。钢筋混凝土楼梯在建筑中应用最为广泛，是大多数建筑所采用的楼梯形式。

楼梯饰面材料有水泥砂浆、水泥石屑面砖、陶瓷锦砖、金刚砂、天然石板、人造石板、硬木地板、地毯、玻璃、塑料地板、铜管、不锈钢、镀金镀银饰面板、镜面及五金构件。

楼梯的组成，如图 18-2 所示。

2. 楼梯施工图组成

楼梯施工图的组成，具体见表 18-1。

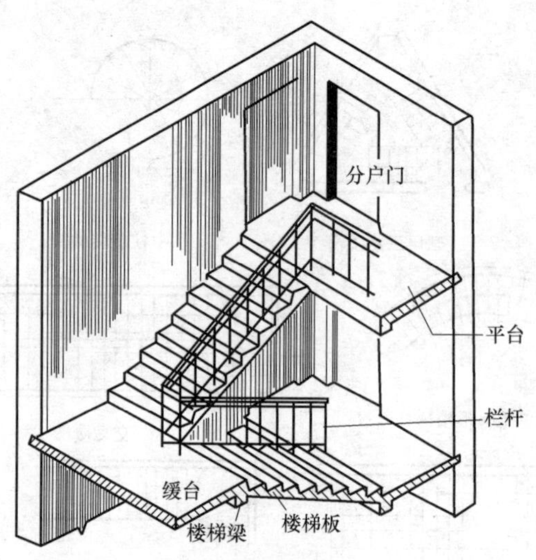

图 18-2 楼梯的组成

楼梯施工图的组成 **表 18-1**

项目	内 容
楼梯平面图	(1)楼梯平面图的画法与建筑平面图相同,都是水平的剖面图。除底层与顶层必画外,若中间各层的级数与形式相同时,可只画一个中间层平面图。顶层平面图规定在顶层扶手的上方剖切,其他各层规定在每层上行的第一梯段的任一位置剖切,各层被剖切到的梯段规定以一根 45°折断线表示 (2)通常将各个平面图画在同一张图纸内,并互相对齐,这样既便于读图,又可省略标注一些重复尺寸 (3)楼梯平面图应标示出楼梯的类型、踏步级数及其上下方向、各部分的平面尺寸及楼(地)面和休息平台等的标高尺寸等;另外,还需画定位轴线确定其位置,以便与建筑平面图对照阅读。在底层平面图中还应注明楼梯剖面图的剖切位置、剖切名称与投影方向等 (4)读图时,要掌握各层平面图的特点 底层平面图只有一个被剖切的梯段及栏板,并注有“上”字的长箭头 顶层平面图,画出两段完整的梯段和休息平台,在梯口处有一个注“下”字的长箭头
楼梯剖面图	(1)楼梯剖面图主要用来表示楼梯梯段数、踏步级数、楼梯的类型与结构形式以及梯段、平台、栏板(或栏杆)等的构造和它们的相互关系等 (2)楼梯剖面图的画法遵循剖面画法的有关规定,但一般不画屋顶和楼面,将屋顶和楼面用折断线省去 (3)读剖面图时,需对照平面图明确其剖切位置与投影方向等 (4)楼梯段剖切后向右(东)投影的。对踏步形式、级数及各踢面高度、平台面、楼面等的标高均注有详细的尺寸,而对于栏板、扶手等细部的构造、材料等又用索引符号引出,表示另有节点详图表示
楼梯节点详图	楼梯平面图、剖面图基本上确定了楼梯的概况,但对于某些细部的详细构造、材料与作法等,往往还不能表达清楚,必须用更详细的图样来表示

3. 楼梯施工图识读

(1) 楼梯平面图识读。

楼梯平面图是假想用一水平剖切平面在该层上行的第一个梯段中部将楼梯剖开，移去剖切平面以上的部分，剩余部分按正投影原理投影到水平投影面上得到的投影图，称为楼梯平面图。

在楼梯平面图中的折断线本应为平行于踏步的，但为了与踏面线区分开常将其画成与踏面成30°角的倾斜线。与建筑平面图相同，楼梯平面图一般也有底层平面图、标准层平面图、顶层平面图。其中顶层平面图是在安全栏杆（栏板）之上，直接向下作水平投影得到的投影图。

楼梯平面图常采用1∶50的比例。为了便于阅读及标注尺寸，各层平面图宜上下或左右对齐放置。平面图中应标注楼梯间的轴线编号，开间、进深尺寸，楼地面和中间平台的标高，楼梯梯段长、平台宽等细部尺寸。楼梯梯段长度尺寸标注时应采用“踏面宽度×踏面数＝梯段长”的形式，如“300×10＝3000”。

(2) 楼梯剖面图识读。

楼梯剖面图是假想用一个铅垂面将各层楼梯的某一个梯段竖直剖开，向未剖切到的另一梯段方向投影，得到的剖面图称为楼梯剖面图。

楼梯剖面图的剖切位置通常标注在楼梯底层平面图中。在多高层建筑中若中间若干层构造相同，则楼梯剖面图可只画出首层、中间层和顶层三部分。

楼梯剖面图通常也采用1∶50的比例。在楼梯剖面图中应标注首层地面、各层楼面平台和各个休息平台的标高。水平方向应标注被剖切墙体轴线尺寸、休息平台宽度、梯段长度等尺寸。竖直方向应标注门窗洞口、梯段高度、层高等尺寸。梯段高度也应采用“踢面高度×踏步数＝梯段高度”的形式。需要注意踏步数比踏面数多“1”。

(3) 楼梯踏步、栏杆、扶手详图识读。

楼梯踏步、栏杆、扶手详图是表示踏步、栏杆、扶手的细部做法及相互间连接关系的图样，一般采用较大的比例。

二、施工图识读

图18-3是某办公楼的一层楼梯平面图。楼梯间的开间为2700mm，进深为4500mm。由于楼梯间与室内地面有高差（750mm），故先上了5级台阶，到达±0.000m室内地面。

该部分梯段的踏面宽度为300mm，有4个踏面，总宽度为1200mm，踏面长度1300mm。在底层上至二层的梯段都有10个踏面，踏面宽度为300mm，总宽度为 3000mm，踏面长度 1200mm。楼梯间窗户宽为 1500mm。

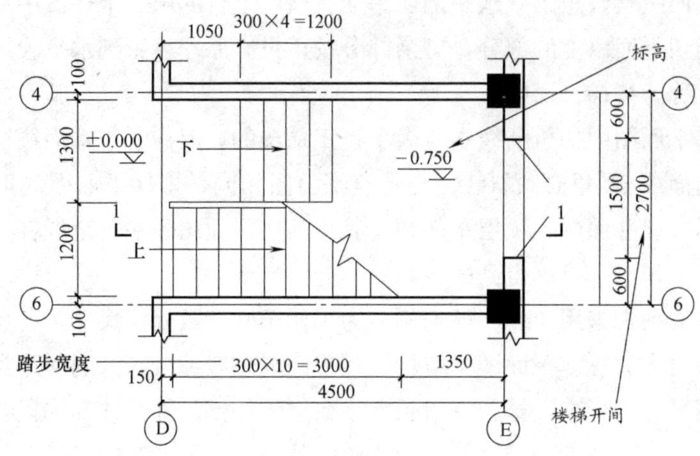

图 18-3　一层楼梯平面图

图 18-4 是某办公楼的二、三层楼梯平面图。图（*a*）为二层楼梯平面图，楼梯间的开间为 2700mm，进深为 4500mm。每个梯段的宽度都是 1200mm，梯段长度为 3000mm，每个梯段都有 10 个踏面，踏面宽度均为 300mm。楼梯休息平台的宽度为 1350mm，休息平台的高度为 1.700 m。楼梯间窗户宽为 1500mm。梯井宽度是 100mm。

图（*b*）是三层楼梯平面图。楼梯间的开间为 2700mm，进深为 4500mm。每个梯段的宽度都是 1200mm，梯段长度为 3000mm，每个梯段都有 10 个踏面，踏面宽度均为 300mm。楼梯休息平台的宽度为 1350mm，休息平台的高度为 5.100 m。楼梯间窗户宽为 1500mm。梯井宽度是 100mm，楼梯顶层悬空的一侧，有一段水平的安全栏杆。

图 18-5 是楼梯踏步、栏杆、扶手详图，由图中可以看出，楼梯的扶手高 900mm，采用直径 50mm、壁厚 2mm 的不锈钢管，楼梯栏杆采用直径 25mm、壁厚 2mm 的不锈钢管，每个踏步上放两根。扶手和栏杆采用焊接连接。楼梯踏步的做法一般与楼地面相同。

踏步的防滑采用成品金属防滑包角。楼梯栏杆底部与踏步上的预埋件 M-1、M-2 焊接连接，连接后盖不锈钢法兰。预埋件详图用三面投影图表示出了预埋件的具体形状、尺寸、做法，括号内表示的是预埋件 M-1 的尺寸。

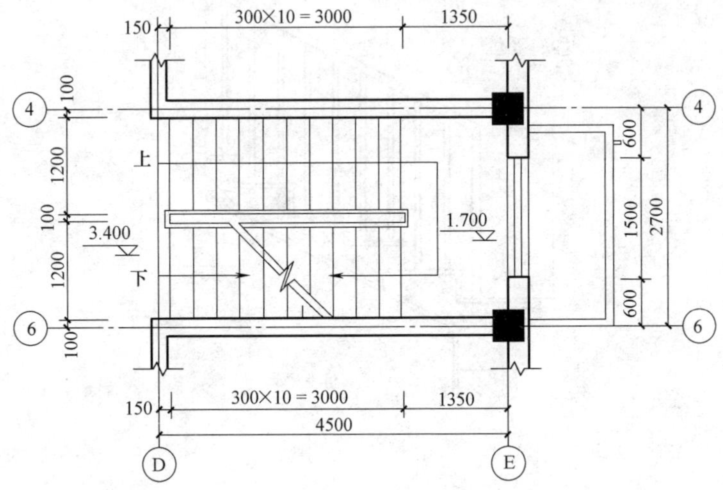

二层平面图1:50

(*a*)

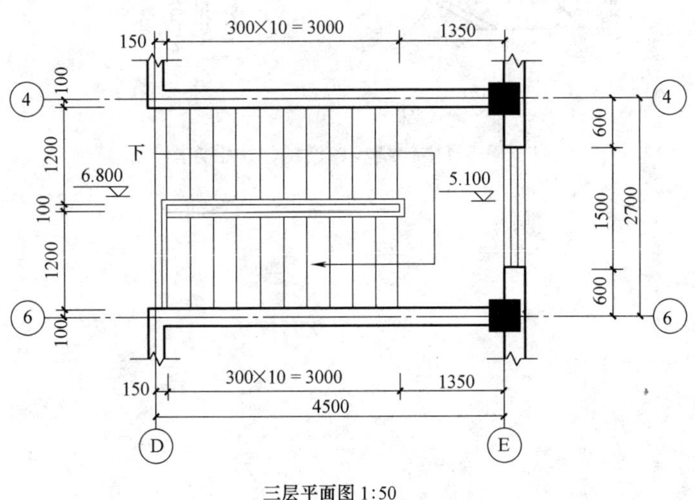

三层平面图 1:50

(*b*)

图 18-4　二、三层楼梯平面图

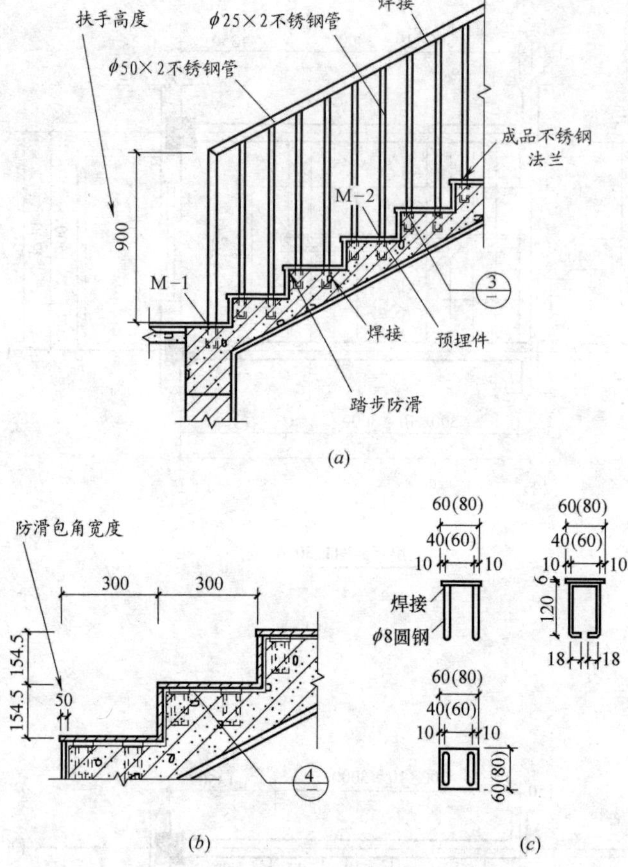

图 18-5　楼梯踏步、栏杆、扶手详图

第19小时

玻璃幕墙装饰施工图识读

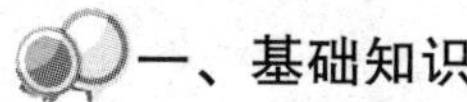

一、基础知识

1. 幕墙构造介绍

幕墙是将外墙和窗户合二为一的建筑外围护墙的一种形式。幕墙一般不承重，形似挂幕，又称为悬挂墙。幕墙按帷幕饰面材料区分，有玻璃幕墙、金属幕墙和石材幕墙等。

幕墙的特点：重量轻、抗震性能好；增大室内空间和有效使用面积；立面造型活泼；缩短施工周期；适用于一日房改造。

2. 幕墙施工图组成及特点

幕墙施工图组成及特点见表19-1。

幕墙施工图组成及特点 **表19-1**

项目	内　容
幕墙施工图组成	(1)图纸目录 (2)设计说明 (3)平面图(主平面图、局部平面图、预埋件平面图) (4)立面图(主立面图、局部立面图) (5)剖面图(主剖面图、局部剖面图) (6)节点图 1)立柱、横梁主节点图 2)立柱和横梁连接节点图 3)开启扇连接节点图 4)不同类型幕墙转接节点图 5)平面和立面、转角、阴角、阳角节点图

续表

项目	内　容
幕墙施工图组成	6)封顶、封边、封底等封口节点图 7)典型防火节点图 8)典型防雷节点图 9)沉降缝、伸缩缝和抗震缝的处理节点图 10)预埋件节点图 11)其他特殊节点图 (7)零件图
幕墙施工图特点	(1)幕墙施工图主要特点是建筑施工图标准和机械施工图标准并存 立面图、平面图和剖面图采用建筑制图标准，节点图、零件图采用机械制图标准。但同一张图样不允许采用两种绘制标准 (2)幕墙平面图、剖面图常和立面图共存于一张图纸内 (3)幕墙节点图常常是一个节点一张图，因此节点编号常常也是图纸编号，如1号节点图纸号为“JD-01”

3. 幕墙分类

幕墙分类见表19-2。

幕墙分类　　表19-2

项目	内　容
铝合金型材玻璃幕墙	铝合金型材的玻璃幕墙框架体系一般有两种形式： (1)一种是分件式，即在施工现场将金属边框、玻璃、填充层和内衬墙按一定的顺序分件组装。玻璃幕墙的自重和风荷载，通过垂直方向的竖框或水平方向的横框传递给主体结构。竖框一般与楼板连接，横框一般与柱子连接 (2)第二种是板块式，即从铝型材加工、墙框组合、镶装玻璃到嵌密封条等工序均在加工厂中进行，在施工现场整体与结构连接。板块式玻璃幕墙一般根据结构形式的不同，应事先进行单元划分。第一单元由3～8块玻璃组成，每块玻璃宽度不宜超过1.5m，高度不宜超过3～3.5m。这种划分一般多采用竖框拉通，其高度与楼层高度相同，为便于连接，其上下接缝部位(横缝)均在楼面标高以上200～300mm处
不露骨架玻璃幕墙	不露骨架的结构体系是采用特制的连接件将铝合金封边框与骨架相连，然后用高强胶粘剂将玻璃粘连在封边框上。这样做的玻璃幕墙看不到框架，有着与其他玻璃幕墙不同的效果

续表

项目	内容
无框式玻璃幕墙	无框式玻璃幕墙是指不采用金属框而直接将玻璃固定在结构上的一种做法。这种作法的特点是为观赏者提供无遮挡的透明墙面，扩大视野 为增加玻璃自身的刚度，每隔一定距离采用一条形玻璃作为肋板。这种加强肋垂直于玻璃放置，并用密封胶粘牢(这种作法又叫肋玻璃)。肋玻璃的固定方法可用吊钩固定、特殊型材固定和用金属框来固定等几种方式 无框式玻璃幕墙比其他形式的玻璃幕墙的玻璃厚度要厚，除采用平板玻璃外，还可以采用钢化玻璃、夹层钢化玻璃等。无框式玻璃幕墙的玻璃厚度与幕墙的高度、风压大小、分块尺寸有关

二、施工图识读

图 19-1 为玻璃幕墙分格图，从图中可以看出，该楼高 29.400m，共 6 层，各层标高图中已详细给出。图中中间白色部分为点玻璃幕墙，幕墙从二层到六层之间，分为两种样式，二层至五层之间为一种样式，单块玻璃宽为 1453mm，长

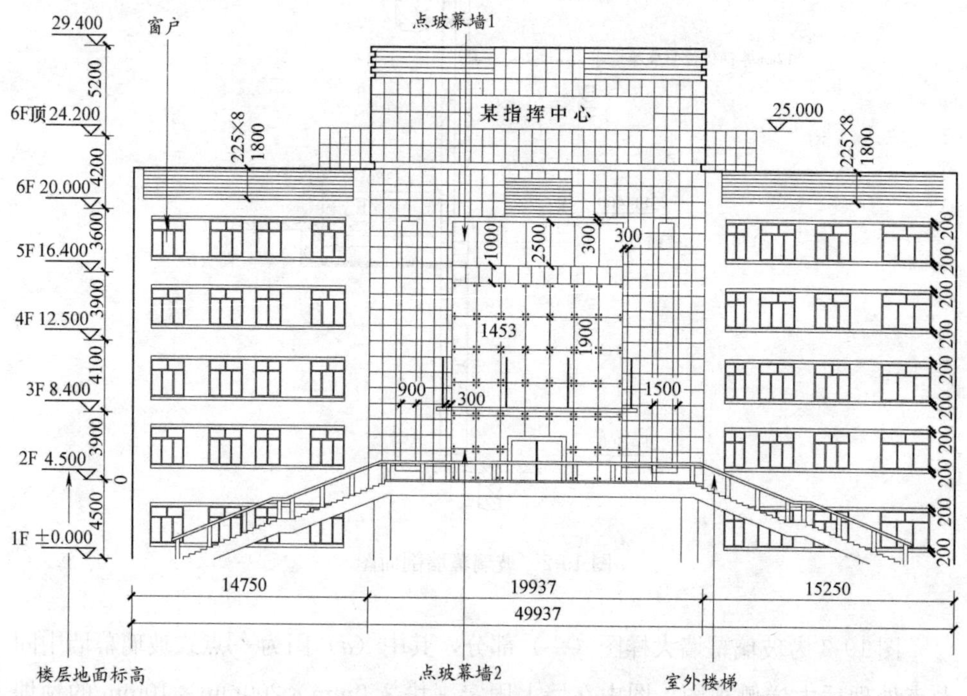

图 19-1　玻璃幕墙分格图

为 1900mm；五层至六层之间为第二种样式，宽为 1453mm，长为 2500mm。五层处两种玻璃幕墙距离 1000mm。

图 19-2 为玻璃幕墙二至五层剖面图，由图可知，最外层玻璃是 12mm 厚的钢化透明玻璃材质，点玻璃幕墙横缝设置为 ϕ120×8 无缝钢管，点玻璃幕墙竖缝设置为 ϕ159×8 无缝钢管。五层外立面设置 12（FT）+1.50PVC+8(FT）厚钢化夹层玻璃，四至五层挑出部位设置石材幕墙。图中详图索引符号A/—、B/—、C/—、D/—、E/—均为幕墙节点大样图，见图 19-3、图 19-4 的大样图识读。

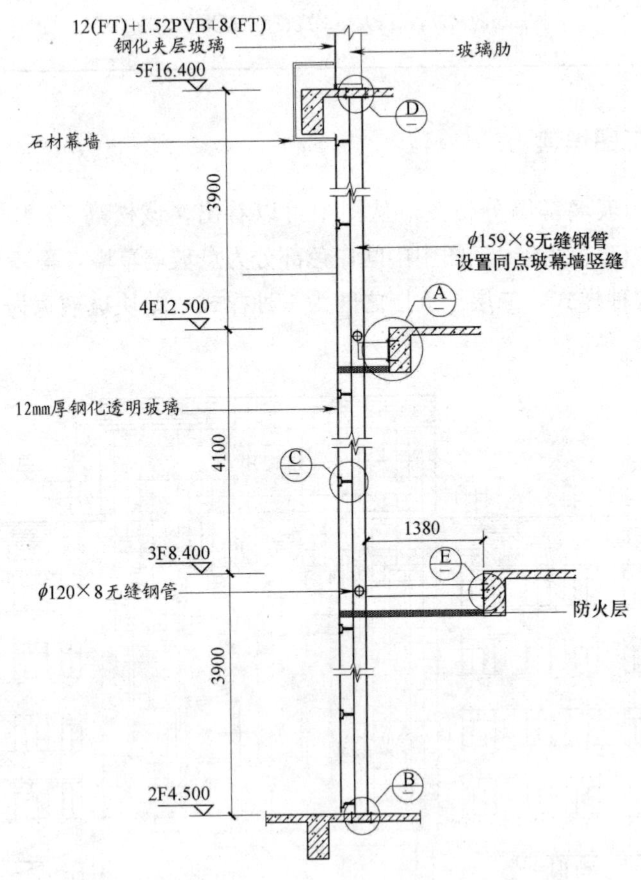

图 19-2　玻璃幕墙剖面图

图 19-3 为玻璃幕墙大样图（一）部分，其中（*a*）图为A/—点式玻璃幕墙中间节点处理后大样侧视图，图中在墙上固定一块 250mm×200mm×10mm 的预埋板，用 4×M14 化学植筋固定，并在墙上每隔 400mm 设置 M5×35 水泥射钉。

下部为 1.5mm 厚的镀锌钢板，内附 80mm 厚的防火棉，玻璃与钢管的距离，以现场尺寸为准。玻璃与钢管之间用两片 150mm×120mm×10mm 钢板连接。

（*b*）图为$\frac{\text{C}}{-}$点式玻璃幕墙节点大样顶视图，图中玻璃与幕墙立柱之间是靠支架相连的，两支架之间的距离为 250mm，玻璃为 12mm 厚的钢化透明玻璃，在玻璃之间有 12mm 的玻璃胶填缝。

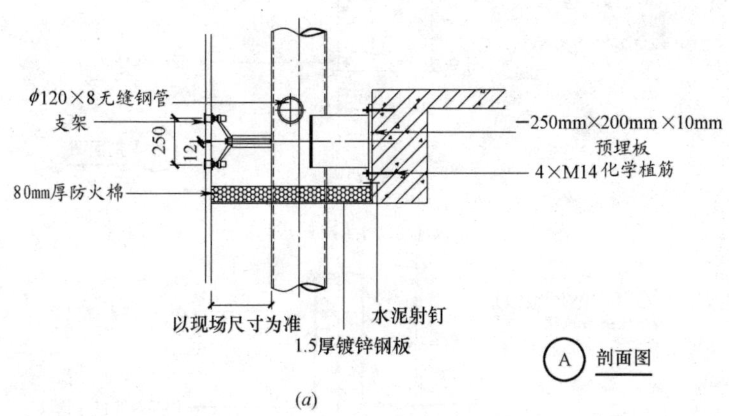

(*a*)

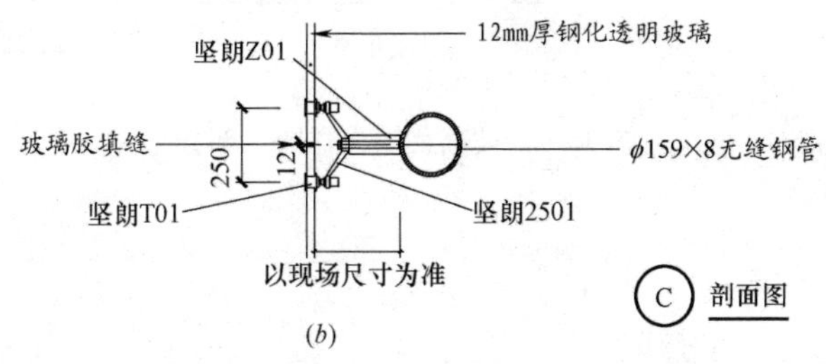

(*b*)

图 19-3　玻璃幕墙大样图（一）部分

图 19-4 为玻璃幕墙大样图（二）部分，（*a*）图为$\frac{\text{D}}{-}$点式玻璃幕墙立柱顶部节点大样侧视图，楼板两端设置 300mm×300mm×12mm 的预埋钢板，用 6×M12 对拉螺栓连接，预埋板用来固定幕墙立柱。

（*b*）图为$\frac{\text{B}}{-}$点式玻璃幕墙立柱水平预埋件大样平视图，预埋件宽 300mm，长为 400mm，厚 15mm。植筋采用 6×M14 化学植筋，距预埋件边缘 50mm。

（*c*）图为$\frac{\text{B}}{-}$点式玻璃幕墙立柱底部节点大样侧视图，300mm×300mm×12mm 预埋钢板与楼板固定，用 6×M12 化学植筋固定，并设置两片 15mm 厚的钢板作钢耳用，幕墙立柱与玻璃之间的距离以现场尺寸为准。

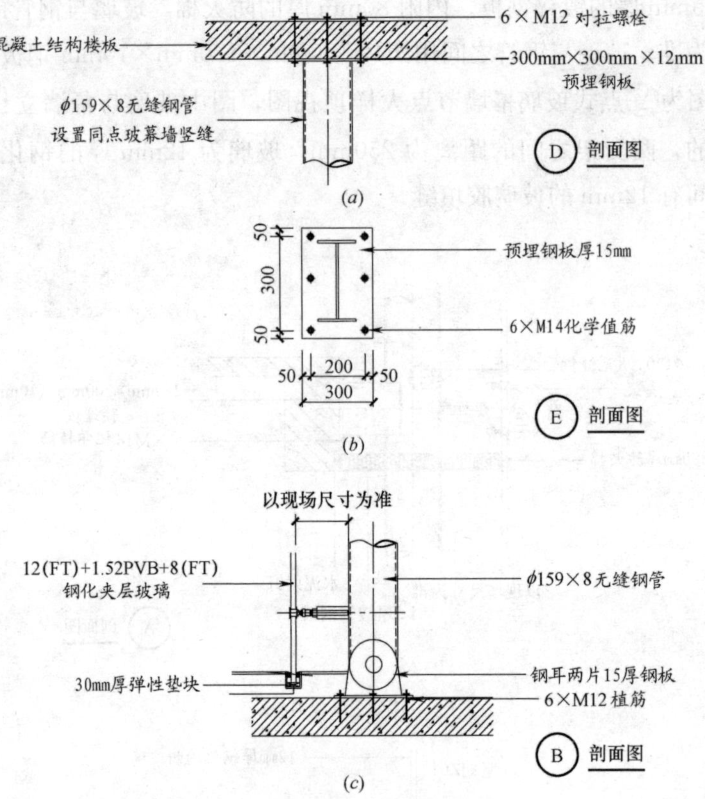

图 19-4 玻璃幕墙大样图二部分

第20小时

屏风施工图识读

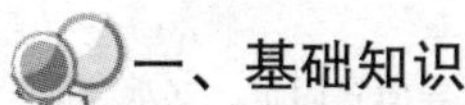

一、基础知识

屏风（隔断）分为花饰隔断和活动隔断。

（1）花饰隔断分为花格式隔断（包括：木花格、塑料花格、不锈钢花格、铝合金花格等）、玻璃隔断、玻璃砖隔断、中空玻璃砖隔断、彩色玻璃隔断等。

（2）活动隔断，为了灵活运用室内空间，调整空间大小，可以设置活动隔断，以满足使用要求。活动隔断有拼装式隔断、直滑推拉式隔断和折叠式隔断三类，见表20-1。

活动隔断分类　　　　表20-1

分类	内　容
拼装式隔断	(1)由若干独立的隔扇拼装而成。因为没有轨道和滑轮,不能左右移动,要一扇一扇地装及一扇一扇地拆下来 拼装式隔断多用木框架,封装面板一般多采用木镶板、嵌装板和双面贴板等方式。有隔声要求的隔断,其结构应选用双面贴板的方式。这样,可在两层面板之间设置隔声层。为使相邻隔扇能紧密地咬合在一起,将隔扇的两个垂直边做成企口缝 (2)隔断龙骨如有特殊需要,也可采用铝合金或钢材制作。面板既可用木质的,也可用金属的。隔扇的底面另加隔声密封条,靠隔扇的自重将密封条紧紧压在基层上。隔断的一端要设一个槽形的补充构件,它与槽形上槛的大小和形状完全相同。其作用是便于安装和拆卸隔扇,并在安装后,掩盖住端部隔扇与墙面之间的缝隙 (3)隔断的上部安装一个通长的固定槽,用螺钉固定在平顶上。固定槽的形式,有槽形和"T"形两种 固定槽有木制和钢制两种,传统的拼装隔断多为木质结构,上下固定槽也较多采用木材制作。现代装修做法,一般采用通用槽钢或铝合金型材作隔断骨架和上下固定槽。楼地面要预埋钢筋或钢管(ϕ16～ϕ18mm),再将下槽固定在预埋件上。上下槽安装的垂直间距应大于隔扇30～50mm,使隔扇的顶面与平顶之间保持一定的空隙,以便于安装和拆卸 采用槽形时,隔扇的上部可以做成平齐的;采用"T"形时,隔扇的上部应设较深的凹槽,以使隔扇能够卡到"T"形槛的腹板上

续表

分类	内　　容
直滑推拉式隔断	(1)直滑推拉式隔断隔扇的构造，除采用木镶板方式外，现较多采用双面贴板形式，并在中间夹着隔声层，板的外面覆盖着饰面层。这些隔扇可以是独立的，也可以利用铰链连接到一起。独立的隔扇可以沿着各自的轨道滑动，但在滑动中始终不改变自身的角度，沿着直线开启或关闭 (2)直滑推拉式隔断单扇尺寸较大，扇高为3000～4500mm，扇宽为1000mm左右，厚度为40～60mm。隔扇的两个垂直边，用螺钉固定铝镶边。镶边的凹槽内嵌有隔声用的泡沫聚乙烯密封条。直滑推拉式隔断完全收拢时，隔扇可以隐蔽于洞口的一侧或两侧。当隔扇关闭时，最前面的隔扇自然地嵌入槽形补充构件内。构件的两侧各有一个密封条，与隔扇的两侧紧紧相接。靠墙的半扇隔扇与边缘构件用铰链连接着，中间各扇隔扇则是单独的 (3)直滑推拉式隔断的固定方式，有悬吊导向式固定和支承导向式固定。支承导向固定方式的构造相对简单，安装方便。因为支承构造的滑轮固定在隔扇的下端，与地面轨道共同构成下部支承点，并起转动或移动隔扇的作用。而上部仅安装防止隔板晃动的导向杆，以保证隔扇受力运动的平稳性。这种方式完全省去了一套悬吊系统，其构造和安装更简便。但这种构造的轨道和滑轮安装在楼地面上，容易使转动部分脏污，应经常清扫 (4)轨道的断面多数为凹槽形，滑轮多为两轮或四轮一个小车组。轨道和滑轮的形式有很多种，可根据需要选用。小车组可以用螺栓固定在隔扇上，也可以用连接板固定在隔扇上。隔扇与隔扇之间，也应用橡胶密封刷密封。轨道和滑轮安装在下部的支承导向式结构，应将密封刷固定在隔扇上，而悬吊导向式结构，则应将密封刷固定在轨道上
折叠式隔断	(1)折叠式隔断有单侧折叠式和双侧折叠式两种类型，采用悬吊导向式固定结构。这种结构，将隔扇顶部的滑轮和轨道与上部悬吊系统相连，由此承受整个隔断的重量，滑轮作为上部支承点，应在固定时与隔板垂直轴相一致。隔断下部和楼地面安装具有导向作用的固定槽，以使隔扇运动时，下部不左右摆动 (2)按其使用材料的不同，可分硬质和软质隔扇两类 硬质折叠式隔断是由木隔扇或金属隔扇构成的 软质折叠式隔断是用棉、麻织品或橡胶、塑料等制品制作的 硬质折叠式隔断的隔扇利用铰链连接在一起，单面折叠式隔断可以像手风琴的风箱一样展开和收拢。隔断展开和收拢时，隔扇自身的角度也在变，收拢状态的隔扇与轨道近似垂直或垂直。折叠式隔扇的上部扇面宽度比较小，一般在500～800mm。如果隔扇较窄，可以将隔扇上部滑轮安装在顶面一端，这样，隔扇要成偶数。隔扇的数目不限，以便使首尾两个隔扇都能依靠滑轮与上下轨道连起来

续表

分类	内　容
折叠式隔断	(3)如果将滑轮设置在隔扇顶部的中央位置,隔扇的数目必须为奇数(不含末尾处的半扇)。隔扇之间用铰链连接,也可两扇一组地连接起来。如隔扇较重,可采用带有滚珠轴承的滑轮,轮缘是钢的或是尼龙的;隔扇较轻时,可采用带金属轴套的尼龙滑轮或滑钮 如果隔扇较高,可在楼地面上设置导向槽,在隔扇的底面相应地设置中间带凸缘的滑轮或导向杆。隔断的下部装置与隔断本身的构造及上部装置有关。下部装置的主要作用是维持隔扇的垂直,防止在启闭的过程中向两侧摇摆。在更多的情况下,楼地面上设置轨道和导向槽,这样可使施工简便 (4)要处理好隔扇与隔扇之间的缝隙、隔扇与平顶之间的缝隙、隔扇与楼地面之间的缝隙,以及隔扇与洞口两侧间的缝隙,这是为了保证隔断具有较好的隔声性能 隔扇的底面与楼地面之间的缝隙(约 25mm),常用橡胶或毡制密条遮盖。隔扇的两个垂直边要做成凸凹相咬的企口缝,并在槽内镶嵌橡胶或毡制的密封条。最前面一个隔扇与洞口侧面接触处,可设密封管或缓冲板。当楼地面上不设轨道时,也可在隔扇的底面设一个富有弹性的密封垫,使隔断处于封闭状态时能够稍稍下落,将密封垫紧紧地压在楼地面上 双面折叠隔断分有框架和无框架两种。有框架结构就是在双面隔断的中间,设置若干个立柱,在立柱之间,设置几排金属伸缩架。框架两侧装贴木板或胶合板,相邻隔板多靠密实的织物(帆布带、橡胶带等)沿整个高度方向连接在一起,同时,还要将织物或橡胶带固定在框架的立柱上 (5)无框架双面硬质折叠式隔断,一般是用硬木做成镶板式隔扇,或带有贴面的木质板制成双贴面隔扇。隔板的两侧有凹槽,凹槽中镶嵌纯乙烯条带。纯乙烯条带分别与两侧的隔板固定在一起,既能起隔声作用,又是一个特殊的铰链。隔断的上下各有一道金属伸缩架,与隔板螺钉连起来。上部伸缩架上安装作为支承点的小滑轮,并相应地在平顶上安装箱形截面的轨道。隔断的下部,一般可不设滑轮和轨道

二、施工图识读

图 20-1 为某屏风施工图,图 (*a*) 是屏风平面图,图 (*b*) 是屏风立面图。由平面图可以看出屏风共分为三组,第一组屏风编号 P1,单片宽为 1028mm,总长为 5300mm,共 5 片;中间一组编号 P2,单片宽为 1063mm,总长为 7600mm,共 7 片;最后一组编号 P3,单片宽为 1173mm,总长为 7200mm,共 6 片。每组屏风两端均设有波胶板和伸缩板,安装的具体定位尺寸图中已给出。

图 (*b*) 左侧是 P2A 立面图,右侧是 P3B 立面图,从图中可以看出每组屏风是由波胶板、吊轮、道轨、活动屏风和伸缩铝板 5 部分组成。活动屏风高

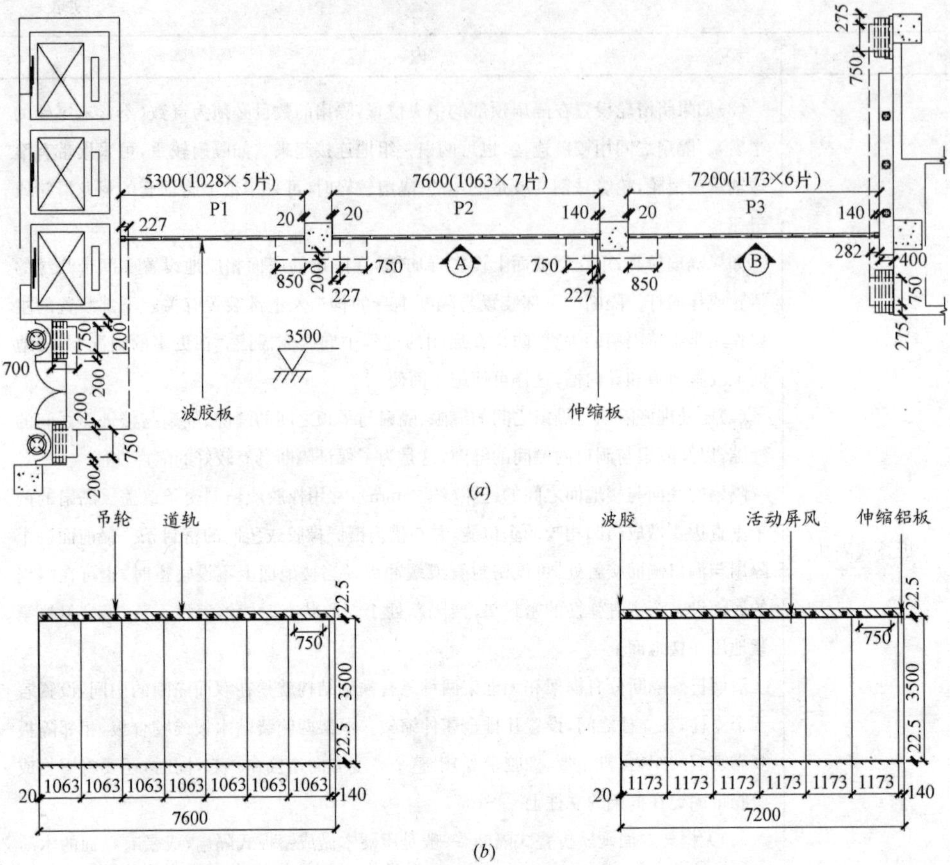

5300(1028×5片)
7600(1063×7片)
7200(1173×6片)
P1
P2
P3
3500
波胶板
伸缩板

(*a*)

吊轮
道轨
波胶
活动屏风
伸缩铝板
1063 1063 1063 1063 1063 1063 1063
7600
1173 1173 1173 1173 1173 1173
7200

(*b*)

图 20-1　某屏风施工图

3455mm，道轨底部距屏风顶部 22.5mm。波胶板宽度为 20mm，伸缩铝板宽度为 140mm。

附录A

建筑图例

1. 建筑构造及配件图例

见表 A-1。

建筑构造及配件图例　　表 A-1

名称	图例	说　明
墙体	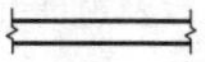	应加注文字或填充图例表示墙体材料，在项目设计图纸说明中，列材料图例表给予说明
隔断		(1)包括板条抹灰、木材制作、石膏板及金属材料等隔断。 (2)适用于到顶与不到顶隔断
栏杆		—
楼梯	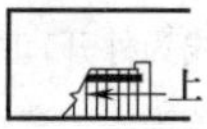 上 下 上 下	上图为底层楼梯平面图，中图为中间层楼梯平面图，下图为顶层楼梯平面图。 楼梯及栏杆扶手的形式和梯段踏步数应按实际情况绘制
坡道	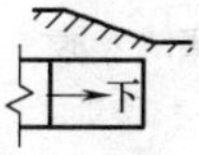 下 下 下	上图为长坡道，下图为门口坡道

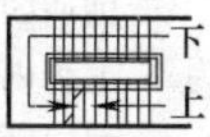

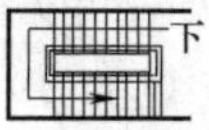

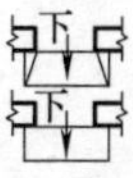

续表

名称	图例	说　明
检查孔	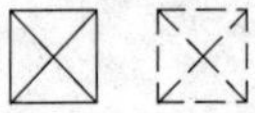	左图为可见检查孔，右图为不可见检查孔
平面高差	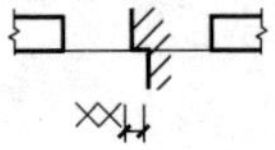 ××↓	适用于高差小于100mm的两个地面或楼面相接处
墙预留洞	 宽×高或ϕ 底(顶或中心) 标高×××××	—
自动扶梯	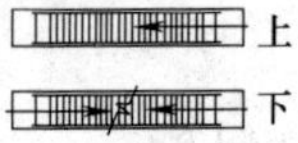 上 下	—
电梯	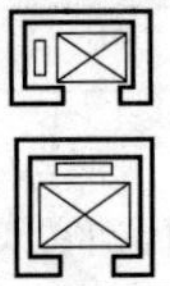	(1)电梯应注明类型并绘出门和平行锤的实际位置 (2)观景电梯等特殊类型电梯应参照图例按实际情况绘制
立转窗	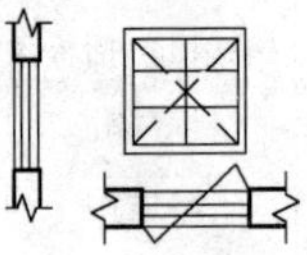	(1)窗的名称代号用C表示 (2)立面图中的斜线表示窗的开关方向，实线为外开，虚线为内开；开启方向线交角的一侧为安装合页的一侧，一般设计图中可不表示 (3)剖面图上，左为外，右为内；平面图上，下为外，上为内 (4)平、剖面图上的虚线仅说明开关方式，在设计图中无须表示 (5)窗的立面形式应按实际情况绘制 (6)小比例绘图时，平、剖面的窗线可用单粗实线表示
单层外开平开窗	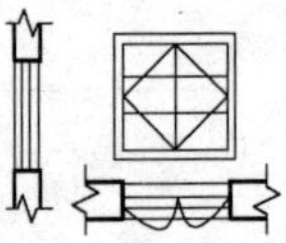	
单层内开平开窗	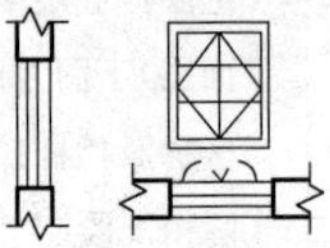	
推拉窗	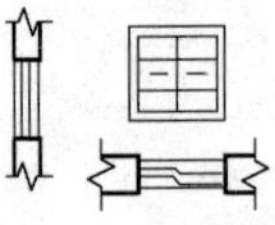	
高窗	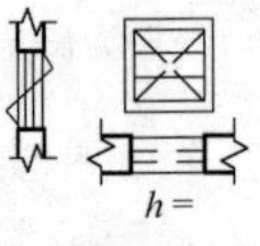 $h=$	

续表

名称	图例	说　明
空门洞	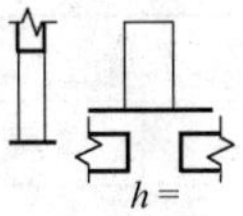 h=	h 为门洞高度
单扇门（包括平开或单面弹簧）	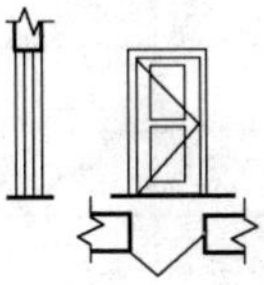	(1)门的名称代号用 M 表示 (2)剖面图，左为外，右为内；平面图，下为外，上为内 (3)立面图上开启方向线交角的一侧为安装合页的一侧，实线为外开，虚线为内开 (4)平面图上线应 90°或 45°开启，开启弧线宜绘出 (5)立面图上的开启线在一般设计图中不表示，在详图及室内设计图中应表示 (6)立面形式应按实际情况绘制
双扇门（包括平开或单面弹簧）	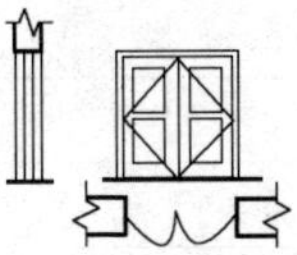	
单扇观面弹簧门	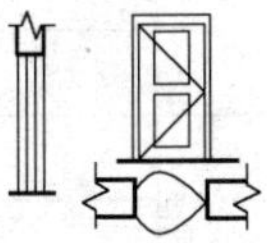	
双扇双面弹簧门	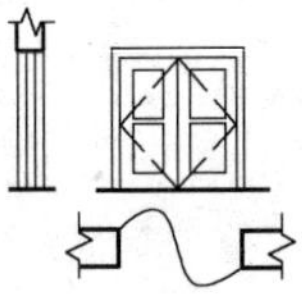	
转门	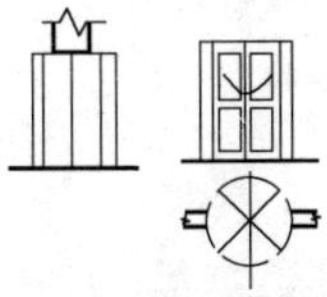	

2. 建筑平面图门窗表

某建筑平面图门窗表见表 A-2。

门窗表 表 A-2

编号	洞口尺寸(mm)		数量				合计	备注
	宽度	高度	1层	2层	3层	4层		
HTC-21	1800	2100	3				3	
HTC-22	2100	2100	2				2	
HTC-10	1200	2100	1				1	
PSC6-25	600	1200	4				4	
HTC-11	1500	2100	5				5	
PSC5-15	900	900	1				1	
TSC8-30A	1800	1500		4	4	4	12	
HSM-41	2100	2400		1	1	1	3	
HSM-42	2100	2400		1	1	1	3	
PSC5-64	1200	1500		2	2	2	6	
TSC8-29A	1500	1500		5	5	5	15	
PSC5-27	900	1200		1	1	1	3	
M97	1000	2600	4	9	9	5	27	
M52	1000	2100	2	2	2	2	6	
M89	1200	2600	1			1	2	
M51	900	2100	1				1	
ZM1	1800	3100	1				1	
ZM2	1200	3100	1				1	

附录B

装饰装修材料

1. 装修材料简介

装修材料按其使用部位和功能，可划分为顶棚装修材料、墙面装修材料、地面装修材料、隔断装修材料、固定家具、装饰织物、其他装饰材料七类。

注：(1) 装饰织物系指窗帘、帷幕、床罩、家具包布等。

(2) 其他装饰材料系指楼梯扶手、挂镜线、踢脚板、窗帘盒、暖气罩等。

2. 装修材料分级

装修材料按其燃烧性能应划分为四级，并应符合表 B-1 的规定。

装修材料燃烧性能等级 **表 B-1**

等级	装修材料燃烧性能
A	不燃性
B1	难燃性
B2	可燃性
B3	易燃性

3. 材料性能

(1) 安装在钢龙骨上燃烧性能达到 B1 级的纸面石膏板、矿棉吸声板，可作为 A 级装修材料使用。

(2) 当胶合板表面涂覆一级饰面型防火涂料时，可做为 B1 级装修材料使用。当胶合板用于顶棚和墙面装修并且不内含电器、电线等物体时，宜仅在胶合板外表面涂覆防火涂料；当胶合板用于顶棚和墙面装修并且内含有电器、电线等物体时，胶合板的内、外表面以及相应的木龙骨应涂覆防火涂料，或采用阻燃浸渍处理达到 B1 级。

(3) 单位重量小于 300g /m^2 的纸质、布质壁纸，当直接粘贴在 A 级基材上时，可作为B1级装修材料使用。

(4) 施涂于A级基材上的无机装饰涂料，可作为A级装修材料使用；施涂于A级基材上，湿涂覆比小于1.5g/m² 的有机装饰涂料，可作为B1级装修材料使用。涂料施涂于B1、B2级基材上时，应将涂料连同基材一起按相应规范的规定确定其燃烧性能等级。

(5) 当采用不同装修材料进行分层装修时，各层装修材料的燃烧性能等级均应符合相应规范的规定。复合型装修材料应由专业检测机构进行整体测试并划分其燃烧性能等级。

4. 单层、多层民用建筑内部各部位装修材料

(1) 单层、多层民用建筑内部各部位装修材料的燃烧性能等级，不应低于表B-2的规定。

单层、多层民用建筑内部各部位装修材料的燃烧性能等级　　　表 B-2

建筑物及场所	建筑规模、性质	装修材料燃烧性能等级							
		顶棚	墙面	地面	隔断	固定家具	窗帘	帷幕	其他装饰材料
候机楼的候机大厅、商店、餐厅、贵宾候机室、售票厅等	建筑面积>10000m² 的候机楼	A	A	B1	B1	B1	B1		B1
	建筑面积≤10000m² 的候机楼	A	B1	B1	B1	B2	B2		B2
汽车站、火车站、轮船客运站的候车(船)室、餐厅、商场等	建筑面积>10000 m² 的车站、码头	A	A	B1	B1	B2	B2		B2
	建筑面积≤10000 m² 的车站、码头	B1	B1	B1	B2	B2	B2		B2
影院、会堂、礼堂、剧院、音乐室	>800 座位	A	A	B1	B1	B1	B1	B1	B1
	≤800 座位	A	B1	B1	B1	B2	B1	B1	B2
体育馆	>3000 座位	A	A	B1	B1	B1	B1	B1	B2
	≤3000 座位	A	B1	B1	B1	B2	B2	B1	B2
商场营业厅	每层建筑面积>3000m² 或总建筑面积 9000m² 的营业厅	A	B1	A	A	B1	B1		B2
	每层建筑面积 1000～3000 m² 或总建筑面积 3000～9000 m² 的营业厅	A	B1	B1	B1	B2	B1		
	每层建筑面积<1000 m² 或总建筑面积<1000 m² 的营业厅	B1	B1	B1	B2	B2	B2		

续表

建筑物及场所	建筑规模、性质	装修材料燃烧性能等级							
		顶棚	墙面	地面	隔断	固定家具	窗帘	帷幕	其他装饰材料
饭店、旅馆的客房及公共活动用房等	设有中央空调系统的饭店、旅馆	A	B1	B1	B1	B2	B2		B2
	其他饭店、旅馆	B1	B1	B2	B2	B2	B2		
歌舞厅、餐馆等娱乐、餐饮建筑	营业面积>$100m^2$	A	B1	B1	B1	B2	B1		B2
	营业面积≤$100m^2$	B1	B1	B1	B2	B2	B2		B2
幼儿园，托儿所，中、小学，医院病房楼，疗养院，养老院		A	B1	B2	B1	B2	B1		B2
纪念馆、展览馆、博物馆、图书馆、档案馆、资料馆等	国家级、省级	A	B1	B1	B1	B2	B1		B2
	省级以下	B1	B1	B2	B2	B2	B2		B2
办公楼、综合楼	设有中央空调系统的办公楼、综合楼	A	B1	B1	B1	B2	B2		B2
	其他办公楼、综合楼	B1	B1	B2	B2	B2			
住宅	高级住宅	B1	B1	B1	B1	B2	B2		B2
	普通住宅	B1	B2	B2	B2	B2			

(2) 单层、多层民用建筑内，面积小于 $100m^2$ 的房间，当采用防火墙和甲级防火门窗与其他部位分隔时，其装修材料的燃烧性能等级可在表 B-1 的基础上降低一级。

(3) 当单层、多层民用建筑需做内部装修的空间内装有自动灭火系统时，除顶棚外，其内部装修材料的燃烧性能等级可在表 B-1 规定的基础上降低一级；当同时装有火灾自动报警装置和自动灭火系统时，其顶棚装修材料的燃烧性能等级可在表 B-1 规定的基础上降低一级，其他装修材料的燃烧性能等级可不限制。

(4) 常用建筑内部装修材料燃烧性能等级划分举例，见表 B-3。

常用建筑内部装修材料燃烧性能等级划分举例　　表 B-3

材料类别	级别	材料举例
各部位材料	A	花岗石、大理石、水磨石、水泥制品、混凝土制品、石膏板、石灰制品、粘土制品、玻璃、瓷砖、马赛克、钢铁、铝、铜合金等
顶棚材料	B1	纸面石膏板、纤维石膏板、水泥刨花板、矿棉装饰吸声板、玻璃棉装饰吸声板、珍珠岩装饰吸声板、难燃胶合板、难燃中密度纤维板、岩棉装饰板、难燃木材、铝箔复合材料、难燃酚醛胶合板、铝箔玻璃钢复合材料
墙面材料	B1	纸面石膏板、纤维石膏板、水泥刨花板、矿棉板、玻璃棉板、珍珠岩板、难燃胶合板、难燃中密度纤维板、防火塑料装饰板、难燃双面刨花板、多彩涂料、难燃墙纸、难燃墙布、难燃仿花岗石装饰板、氯氧镁水泥装配式墙板、难燃玻璃钢平板、PVC 塑料护墙板、轻质高强复合墙板、阻燃模压木质复合板材、彩色阻燃人造板、难燃玻璃钢等
	B2	各类天然木材、木质人造板、竹材、纸质装饰板、装饰微薄木贴面板、印刷木纹人造板、塑料贴面装饰板、聚酯装饰板、覆塑装饰板、塑纤板、胶合板、塑料壁纸、无纺贴墙布、墙布、复合壁纸、天然材料壁纸、人造革等
地面材料	B1	硬 PVC 塑料地板、水泥刨花板、水泥木丝板、氯丁橡胶地板等
	B2	半硬质 PVC 塑料地板、PVC 卷材地板、木地板、铝轮地毯等
装饰织物	B1	经阻燃处理的各类难燃织物等
	B2	纯毛装饰布、纯麻装饰布、经阻燃处理的其他织物等
其他材料	B1	聚氯乙烯塑料、酚醛塑料、聚碳酸酯塑料、聚四氯乙烯塑料、三聚氰胺、脲醛塑料、硅树脂塑料装饰型材、经阻燃处理的各类织物等。另见顶棚材料和墙面材料内中的有关材料
	B2	经阻燃处理的聚乙烯、聚丙烯、聚氨酯、聚苯乙烯、玻璃钢、化纤织物、木制品等

5. 常用装饰材料分类

常用装饰材料分类见表 B-4。

常用装饰材料分类　　表 B-4

序号	类别	主要品种举例
1	装饰石材	天然大理石、天然花岗石、人造大理石、人造花岗石、水磨石、其他人造装饰石材
2	陶瓷装饰材料	釉面砖、墙面砖、大型陶瓷饰面砖、陶瓷棉砖、陶瓷壁画
3	玻璃装饰材料	平板玻璃、中空玻璃、夹层玻璃、夹丝玻璃、压花玻璃、饰面玻璃、热反射玻璃、玻璃棉转、玻璃砖、镭射玻璃、彩印玻璃、雕刻玻璃、彩绘玻璃
4	琉璃装饰材料	琉璃瓦、玻璃工艺品

续表

序号	类别	主要品种举例
5	人造装饰板材	中密度纤维板、纤维增强水泥平板、水泥刨花板、稻草板、纸面石膏板、宝丽板、华丽板、有机玻璃板、装饰纤维木贴面板、印刷木纹人造板、塑料贴面装饰板、硬 PVC 装饰板、浮印大理石装饰板、GRC 人造大理石和装饰板、竹木胶合板、镁铝曲板
6	石膏装饰材料	石膏装饰板、纸面石膏装饰吸声板、石膏装饰线角、粉刷石膏
7	水泥、砂装饰材料	白水泥、彩色水泥、彩色砂、装饰混凝土、再造石
8	铝合金装饰制品	铝合金龙骨、铝合金条板、铝合金扣板、铝合金装饰板、铝合金风口、铝合金花格、铝合金格栅
9	钢装饰制品	钢扶手、钢花饰、钢装饰条、钢装饰板、钢装饰件、钢龙骨、钢饰面网
10	不锈钢装饰制品	不锈钢扶手、塑料踢脚板、塑料挂镜线、塑料压条、塑料装饰板
11	木装饰制品	木质装饰线条、木雕花饰、木踢脚板、木制扶手
12	塑料装饰制品	塑料楼梯扶手、塑料踢脚板、塑料挂镜线、塑料压条、塑料装饰板
13	玻璃纤维、玻璃钢装饰制品	玻璃纤维窗纱、玻璃纤维毡、玻璃钢装饰板、玻璃钢装饰件、玻璃钢标志
14	建筑涂料	聚乙烯醇玻璃内墙涂料(106 内墙涂料)、聚醋酸乙烯乳胶涂料、氧一偏共聚乳液内墙涂料、乙丙乳液内墙涂料、苯丙乳液内墙涂料、多彩内墙涂料、硅酸钠无机内墙涂料、乙丙外墙乳胶涂料、苯丙外墙乳胶涂料、硅酸钾无机外墙涂料、硅溶胶无机外墙涂料、溶剂型丙烯酸树脂涂料、丙烯酸系复层涂料、有机、无机复合外墙涂料、环氧树脂地面涂料、聚醋酸乙烯酯地面涂料、聚氨酯地面涂料
15	特种涂料	卫生灭蚊涂料、防腐涂料、防霉涂料、瓷釉涂料、防锈涂料、防静电涂料、防火涂料、吸引涂料
16	壁纸、墙布	纸质壁纸、塑料壁纸、织物壁纸、玻璃纤维印花贴墙布、无纺贴墙布、化纤装饰贴墙布、金属壁纸、植绒壁纸、装饰面壁纸、其他特殊功能壁纸
17	地板	PVC 塑料块状地板、PVC 塑料卷材地板、防滑塑料地板、抗静电活动地板、防腐蚀塑料地板、普通木地板、硬木地板、拼花木地板、复合木地板、橡胶地板、竹质拼花地板
18	地毯	羊毛地毯、混纺地毯、化纤地毯、剑麻地毯、橡胶绒地毯、塑料地毯、块状地毯
19	吊顶装饰板	软硬质纤维装饰板、石膏装饰吸声板、泡沫塑料装饰板、珍珠岩吸声装饰板、矿棉吸声装饰板、硅酸盐装饰吊顶板、石棉水泥装饰吊顶板、铝合金装饰吊顶板、钢装饰吊顶板
20	门窗	木门窗、塑料门窗、实心钢门窗、铝合金门窗、玻璃钢门窗、塑料百叶窗帘、防火门、金属转门、自动门、不锈钢门、玻璃幕墙、各种窗花、卷帘门窗

续表

序号	类别	主要品种举例
21	卫生洁具	蹲便器、坐便器、高低水箱、连体坐便器、洗脸盆、小便器、妇洗器、钢板搪瓷浴缸、人造大理石浴缸、人造玛瑙浴缸、玻璃钢浴缸、玻璃钢组合卫生间
22	卫生、水暖五金	面盆水嘴、面盆存水弯、高低水箱配件、自动冲洗器、淋浴喷头、单时开关、爽时开关、浴盆上下水、浴帘杆、浴盆扶手、浴巾架、挂衣钩、手纸盒、肥皂盒
23	门窗五金	门锁、散热器、合页、插销、窗帘轨、地弹簧、定门器、拉手、门铃、胀锚螺栓、射钉、铆钉

附录C

各类饰面构造

1. 抹灰类饰面

（1）抹灰类饰面构造层次见表 C-1。

抹灰类饰面构造层次　　表 C-1

项目		内容
抹灰底层	砖墙面的底层	砖墙面由于是手工砌筑的，墙面灰缝中砂浆的饱和程度很难保证均匀，所以墙面一般比较粗糙、凹凸不平。这虽对墙体与底层抹灰间的粘结力有利，但若平整度相差过大，则对饰面不利。所以在做饰面之前，常用水泥砂浆或混合砂浆进行底层处理，厚度控制在 10mm 左右，配合比为 1∶1∶6 的水泥石灰砂浆是最普通的底层砂浆
	轻质砌块墙体	由于轻质砌块的表面孔隙大，砌块的吸水性极强，所以抹灰砂浆中的水分极易被吸收，从而导致墙体与底层抹灰间的粘结力较低，而且易脱落。处理方法是先在整个墙面上涂刷一层建筑胶（如 108 胶）来封闭基层，再做底层抹灰。对于装修要求较高的饰面，还应在墙面满钉 ϕ0.7mm 细镀锌钢丝网（网格尺寸 32mm×32mm），再做抹灰
	混凝土墙体	混凝土墙体大多采用模板浇筑而成，所以表面比较光滑，平整度也比较高，但是还有残留的脱模油，这将影响墙体与底层抹灰的连接。为保证二者之间有足够的粘结力，在做饰面之前，必须将基层进行特殊处理，处理方法有除油垢、凿毛、甩浆及划纹等
中间层		中间层是保证装修质量的关键层，所起作用主要为找平与粘结，还可弥补底层砂浆的干缩裂缝。根据墙体平整度与饰面质量要求，中间层可以一次抹成，也可以分多次抹成，用料一般与底层相同
饰面层		饰面层主要起装饰作用，要求表面平整、色彩均匀及无裂纹，可以做成光滑和粗糙等不同质感的表面

（2）一般饰面抹灰构造

1）一般抹灰的等级、要求及适用范围。

根据房屋使用标准和设计要求，一般抹灰分为普通抹灰、中级抹灰和高级抹灰三个等级，其要求和适用范围见表C-2。

一般抹灰的等级、工序要求以及适用范围　　表C-2

级别	工序要求	适用范围
普通抹灰	一道底层和一道面层，分层赶平、修整，表面压光	简易宿舍、仓库及高标准建筑物的附属工程等
中级抹灰	一道底层、一道中层和一道面层（或一道底层与一道面层），阳角找方，设置标筋，分层赶平、修整，表面压光	住宅、办公楼、学校、旅馆及高标准建筑物的附属房间
高级抹灰	一道底层、数道中层和一道面层，阴、阳角找方，设置标盘，分层赶平、修整，表面压光，颜色均匀，线角平直清晰	公共建筑、纪念性建筑物及有特殊要求的办公楼等

2）一般饰面抹灰构造。

一般饰面抹灰构造见表C-3。

一般饰面抹灰构造　　表C-3

项目	内容
底层抹灰	底层抹灰砂浆可选用水泥砂浆、混合砂浆和石灰砂浆。砂浆的品种和厚度应根据饰面使用功能要求来选用
中层抹灰	中层抹灰材料一般与底层相同，抹灰厚度及遍数视装修等级及基层平整度而定，其厚度一般不超过10mm
面层抹灰	面层抹灰材料为各种砂浆，抹灰厚度一般不超过10mm。面层主要起装饰作用，要求平整、均匀、光滑并无裂痕

抹灰层采用分层分遍（道）涂抹，要控制厚度。各道抹灰的厚度多是由基层材料、砂浆品种、工程部位、质量标准要求及施工气候条件等因素确定的，每遍厚度应符合表C-4中的规定。抹灰层的平均总厚度根据具体部位、基层材料和抹灰工艺等要求而各有差异，但不宜大于表C-5中规定的数值。

抹灰层每遍厚度　　表C-4

采用砂浆品种	每遍厚度(mm)
水泥砂浆	5～7
石灰砂浆和水泥混合砂浆	7～9
麻刀石灰(做面层赶平压实后)	≤3
纸筋石灰和石膏灰(做面层赶平压实后)	≤2
装饰抹灰用砂浆	应符合设计要求

抹灰层的总厚度 表 C-5

部位或基体		抹灰层的平均总厚度(mm)
顶棚、板条、空心砖、现浇混凝土		15
预制混凝土		18
金属网		20
内墙	普通抹灰	18
	中级抹灰	20
	高级抹灰	25
外墙		20
勒脚及凸出墙面部分		25
石墙		35

注：混凝土大板和大模板建筑的内墙面及楼地面，可不用涂抹砂浆，宜用腻子分遍刮平，总厚度为2～3mm。如果用聚合物水泥砂浆、水泥混合砂浆喷毛打底，纸筋石灰罩面，或用膨胀珍珠岩水泥砂浆抹面，总厚度为3～5mm。

在建筑的不同部位，使用不同的基层材料时，砂浆种类的选择及分层做法厚度的控制见表C-6。

抹灰层厚度的控制及适用砂浆种类（mm） 表 C-6

<table>
<tr><th colspan="2" rowspan="2">项目</th><th colspan="2">底层</th><th colspan="2">中层</th><th colspan="2">面层</th><th rowspan="2">总厚度</th></tr>
<tr><th>砂浆种类</th><th>厚度</th><th>砂浆种类</th><th>厚度</th><th>砂浆种类</th><th>厚度</th></tr>
<tr><td rowspan="8">内墙面</td><td rowspan="2">砖墙</td><td>石灰砂浆 1∶3</td><td>6</td><td>石灰砂浆 1∶3</td><td>10</td><td rowspan="8">纸筋灰浆、普通级做法一遍；中级做法三遍；高级做法三遍，最后一遍用滤浆灰。高级做法厚度为3.5mm</td><td>2.5</td><td>18.5</td></tr>
<tr><td>混合砂浆 1∶1∶6</td><td>6</td><td>混合砂浆 1∶1∶6</td><td>10</td><td>2.5</td><td>18.5</td></tr>
<tr><td>砖墙(高级)</td><td>水泥砂浆 1∶3</td><td>6</td><td>水泥砂浆 1∶3</td><td>10</td><td>2.5</td><td>18.5</td></tr>
<tr><td>砖墙(防潮)</td><td>混合砂浆 1∶1∶6</td><td>6</td><td>混合砂浆 1∶1∶6</td><td>10</td><td>2.5</td><td>18.5</td></tr>
<tr><td>混凝土</td><td>水泥砂浆 1∶3</td><td>6</td><td>水灰砂浆 1∶2.5</td><td>10</td><td>2.5</td><td>18.5</td></tr>
<tr><td rowspan="2">加气混凝土</td><td>混合砂浆 1∶1∶6</td><td>6</td><td>混合砂浆 1∶1∶6</td><td>10</td><td>2.5</td><td>18.5</td></tr>
<tr><td>石灰砂浆 1∶3</td><td>6</td><td>石灰砂浆 1∶3</td><td>10</td><td>2.5</td><td>18.5</td></tr>
<tr><td>钢丝网板条</td><td>水泥纸筋砂浆 1∶3∶4</td><td>8</td><td>水泥纸筋砂浆 1∶3∶4</td><td>10</td><td>2.5</td><td>20.5</td></tr>
<tr><td rowspan="4">外墙面</td><td rowspan="3">砖墙
混凝土</td><td>水泥砂浆 1∶3</td><td>7</td><td>水泥砂浆 1∶3</td><td>8</td><td>水泥砂浆 1∶2.5</td><td>10</td><td>25</td></tr>
<tr><td>混合砂浆 1∶1∶6</td><td>7</td><td>混合砂浆 1∶1∶6</td><td>8</td><td>水泥砂浆 1∶2.5</td><td>10</td><td>25</td></tr>
<tr><td>水泥砂浆 1∶3</td><td>7</td><td>水泥砂浆 1∶3</td><td>8</td><td>水泥砂浆 1∶2.5</td><td>10</td><td>25</td></tr>
<tr><td>加气混凝土</td><td>加气混凝土界面处理剂</td><td>—</td><td>水泥加适量建胶刮腻子</td><td>—</td><td>水泥砂浆 1∶1∶6</td><td>8～10</td><td>8～10</td></tr>
</table>

续表

项目		底层		中层		面层		总厚度
		砂浆种类	厚度	砂浆种类	厚度	砂浆种类	厚度	
梁柱	混凝土梁柱、	混合砂浆 1∶1∶4	6	混合砂浆 1∶1∶5	10	纸筋灰浆，三次罩面，第三次滤浆灰	3.5	19.5
	砖柱	混合砂浆 1∶1∶6	8	混合砂浆 1∶1∶4	10		3.5	21.5
阳台雨篷	平面	水泥砂浆 1∶3	10			水泥砂浆 1∶2	10	20
	顶面	水泥纸筋砂浆 1∶3∶4	5	水泥纸筋砂浆 1∶2∶4	5	纸筋灰浆	2.5	12.5
	侧面	水泥砂浆 1∶3	5	水泥砂浆 1∶2.5	6	水泥砂浆 1∶2	10	21
其他	挑檐、腰线、窗套、窗台线、遮阳板	水泥砂浆 1∶3	5	水泥砂浆 1∶2.5	3	水泥砂浆 1∶2	10	23

2. 涂刷类饰面

(1) 涂料的分类：建筑涂料的分类见表 C-7。

建筑涂料分类 **表 C-7**

序号	分类方法	涂料种类
1	按涂料状态分类	(1)溶剂型涂料 (2)水溶性涂料 (3)乳液型涂料 (4)粉末涂料
2	按涂料的装饰质感分类	(1)薄质涂料 (2)厚质涂料 (3)复层涂料
3	按主要成膜物质分类	(1)油脂 (2)天然树脂 (3)醇醛树脂 (4)沥青 (5)醇酸树脂 (6)氨基树脂 (7)硝基纤维素 (8)纤维酯、纤维醚 (9)烯类树脂 (10)丙烯酸树脂

续表

序号	分类方法	涂料种类
3	按主要成膜物质分类	(11)聚酯树脂 (12)环氧树脂 (13)聚氨基甲酸酯 (14)元素有机聚合物 (15)橡胶 (16)元素无机聚合物
4	按建筑物涂刷部位分类	(1)外墙涂料 (2)内墙涂料 (3)地面涂料 (4)屋面涂料
5	按涂料的特殊功能分类	(1)防火涂料 (2)防水涂料 (3)防霉涂料 (4)防结露涂料 (5)防虫涂料

(2) 涂料饰面的基本构造：涂料饰面的涂层构造一般可以分为三层，即底涂层、中涂层和面涂层，具体见表 C-8。

涂料饰面的基本构造　　表 C-8

项目	内　容
底涂层	(1)底涂层俗称刷底漆或封底涂层,其主要目的是增加涂层与基层之间的粘附力,同时还可以进一步清理基层表面的灰尘,使一部分悬浮的灰尘颗粒固定于基层上 (2)底涂层还兼具基层封闭剂的作用,用于防止木脂、水泥砂浆层中的可溶性盐等物质渗出表面,造成对涂料饰面的破坏。所以,封底涂料通常采用抗碱性能好的合成树脂乳液及其与无机高分子材料的混合物或溶剂型合成树脂
中涂层	中涂层即中间层,也称主层涂料,是整个涂层构造成型层。其目的是通过适当的工艺,形成具有一定厚度的、匀实饱满的涂层,通过这一涂层,达到保护基层和形成所需装饰效果的目的,如复层凹凸花纹涂料和浮雕涂料,通过主层涂料产生立体花纹感和图案。因此,主层涂料的质量如何对于饰面层的保护作用和装饰效果的影响很大。主层涂料的质量好,不仅可以保证涂层的耐久性、耐水性和强度,在某些情况下对基层尚可起到补强的作用。为了增强中涂层的作用,近年来工程中往往采用厚涂料、白水泥和砂粒等材料配制中间造型层的涂料。主层涂料主要采用以合成树脂为基料的厚质涂料

续表

项目	内　容
面涂层	面涂层即罩面层，其作用是体现涂层的色彩和光感。罩面层赋予装饰面以色彩、光泽，保护主层涂料，提高饰层的耐久性和耐污染能力。从色彩的角度考虑，为了保证色彩均匀，并满足耐久性、耐磨性等方面的要求，罩面涂料至少涂刷两遍。罩面涂料主要采用丙燃酸系乳液涂料，其次采用溶剂型丙烯酸树脂和丙烯酸聚氨酯的清漆和磁漆

3. 板材饰面

常用饰面板材的种类，见表C-9。

常用饰面板材的种类　　　表C-9

项目	内　容
大理石	大理石是一种由方解石和白云石组成的变质岩。磨光加工后的大理石板材颜色绚丽，有美丽的斑纹或条纹，具有较好的装饰性。当大理石用于室外时，因其组成中的碳酸钙在大气中受硫化物和水汽的作用易被腐蚀，会使面层失去光泽，所以除了少数几种质地较纯的汉白玉和艾叶青能用在室外，大多数大理石宜用于室内饰面，如墙面、柱面、地面、楼梯的踏步面和服务台等。有些色泽较纯的大理石板还被广泛地用于高档卫生间和洗手间的台面
花岗石	花岗石是一种由长石、石英和少量云母组成的火成岩，常呈整体均粒状结构，其构造致密，强度和硬度极高，抗冻性和耐磨性均好，并具有良好的抗酸碱和抗风化的能力，耐用期可达100～200年。经磨光处理的花岗石板，光亮如镜，质感丰富，有华丽高贵的装饰效果。经细琢加工的板材，具有古朴坚实的装饰风格。花岗石板适用于宾馆、商场、银行和影剧院等大型公共建筑的室内外墙面和柱面的装饰，也适用于地面、台阶、楼梯、水池和服务台的面层装饰
青石	青石是一种长期沉积形成的水成岩，材质较松散，呈风化状，可顺纹理劈成薄片，一般不磨光，加上其由暗红、灰、绿、蓝、紫等不同颜色掺杂使用，具有山野风情的装饰效果，往往在某些特色建筑装饰或园林建筑上使用
水磨石板	水磨石饰面板是用白色或彩色粒、颜料、水泥和中砂等材料，经过选配制坯、养护、磨光打亮而成。其色泽品种较多，表面光滑，美观耐用。常用于建筑物的楼地面、柱面、踏步、踢脚板、窗台板、隔断板、墙裙和基座
合成饰面板	合成饰面板即人造大理石(花岗石)饰面板，是以石屑和石粒为主要填料，以树脂为胶粘剂，再加上适量的阻燃剂、稳定剂和颜料等制成。由于人造石板具有重量轻、强度高、耐腐蚀、耐污染和施工方便等优点，而且其图案和花纹等可人为控制，是室内装修应用广泛的材料

4. 卷材类饰面

(1) 壁纸饰面。

1) 壁纸有多种类别，也有不同的分类方法，常用的几种分类方法见表C-10。

壁纸的分类　　表 C-10

分类方法	分类内容
按外观装饰效果分	有印花壁纸、轧花壁纸和浮雕壁纸等
按使用功能分	有装饰性壁纸、防火壁纸、耐火壁纸和吸声壁纸等
按施工方法分	有现场涂胶裱贴的壁纸和背面有预涂胶可直接铺贴的壁纸
按所用材料分	有塑料壁纸、织物壁纸、天然材料面壁纸和纸质壁纸

2) 壁纸材料及饰面特点，具体见表 C-11。

壁纸材料及饰面特点　　表 C-11

项目	内　容
塑料壁纸	塑料壁纸亦称塑料墙纸，系以专用的纸为底层，经复合、印花、轧花和发泡等工序加工而成，具有美观、耐用、易清洗、寿命长和施工方便等特点，是国际上发展最快、应用最广泛的一种壁纸。塑料壁纸因其制作工艺、外观及性能的差异，通常分为普通壁纸、发泡壁纸和特种壁纸。其品种、特点及适用范围，见表 C-12
织物壁纸	织物壁纸系以棉、麻、丝和毛等纤维织物做面料制成的壁纸。这种壁纸质感强，并可使之与室内织物协调，用它装饰的环境给人以典雅、高贵及柔和感，如用于卧室，则使人有一种温暖感。织物壁纸的透气性好，但一般价格较贵，裱糊技术要求高，防污性差，不易擦洗
天然材料面壁纸	天然材料面壁纸，其面层由草、麻、木屑和树叶等天然植物材料制成。这类壁纸质感、触感和透气性均不错，用它装饰的房间朴素自然，具有浓烈的田园气息，给人以回归自然的感受，其不足之处是容易积垢，不易清洗
纸质壁纸	纸质壁纸即用红制作的壁纸。有单层纸与双层复合纸之分。单层纸质壁纸由于立体效果差，目前已很少生产。现在大多是双层复合、多色印刷、深轧花的纸质壁纸品种。这种壁纸的色彩比 PVC 壁纸更为丰富，透气性也优于发泡壁纸，且不产生任何异味。缺点是防污性差，耐擦洗性不如 PVC 壁纸，因而不宜用于人流量大、易污染的场所

塑料壁纸材料的分类 **表 C-12**

类别	品种	说明	特点及适用范围
普通壁纸	单色轧花壁纸	系以 $80g/m^2$ 的纸为基层,涂以 $100g/m^2$ 聚氯乙烯糊状树脂为面层,经凸版轮转轧花机轧花而成	可加工成仿丝绸、织锦缎等多种花色,但底色、花色均匀为同一单色。此品种价格低,适用于一般建筑及住宅
	印花轧花壁纸	基层、面层同单色轧花壁纸,系经多套色凹版轮转印花后再轧花而成	壁纸上可轧上布纹、隐条纹及凹凸花纹等,并印上各种色彩图案,形成双重花纹。适用于一般建筑及住宅
	有光印花壁纸	基层、面层同单色轧花壁纸,系在由抛光辊轧平的表面上印花而成	表面光洁明亮,花纹图案美观大方,用途同印花轧花壁纸
	平光印花壁纸	基层、面层同单色轧花壁纸,系在由消光辊轧平的表面上印花而成	表面平整柔和,质感舒适,用途同印花轧花壁纸
发泡壁纸	高发泡轧花壁纸	系以 $100g/m^2$ 的纸为基层,涂以 $300\sim400g/m^2$ 掺有发泡剂的聚氯乙烯糊状料,轧花后再加热发泡而成。如采用高发泡率的发泡剂来发泡,即可制成高发泡壁纸	表面呈富有弹性的凸凹花纹,具有立体感强、吸声、图样真和装饰性强等特点。适用于影剧院、居室、会议室及其他须加吸声处理的建筑物的顶棚和内墙面等处
	低发泡印花壁纸	基层、面层同高发泡轧花壁纸,在发泡表面上印有各种图案	美观大方,装饰性强。适用于各种建筑室内墙面及顶棚的饰面
	低发泡轧花壁纸	基层、面层同高发泡轧花壁纸,系采用具有不同抑制发泡作用的油墨先在面层上印花后再发泡而成	表面具有不同色彩和不同种类的花纹图案,人称“化学浮雕”。有木纹、席纹、瓷砖和拼花等多种图案,图样逼真,立体感强,且富有弹性。用途同低发泡印花壁纸

续表

类别	品种	说明	特点及适用范围
特种壁纸	布基阻燃壁纸	系以特制织物为基材，与特殊性能的塑料膜复合，经印刷轧花及表面处理等工艺加工而成	图案质感强、装饰效果好、强度高、耐撞击、阻燃性能好、易清洗、施工方便、更换容易，适用于宾馆、饭店、办公室及其他有较高防火要求的公共场所等
	布基阻燃防霉壁纸	系以特制织物为基材，与有阻燃防霉性能的塑料膜复合，经印刷轧花及表面处理等工艺加工而成	产品图案质感强、装饰效果好、强度高、耐撞击、易清洗、阻燃性能和防霉性能好，适用于地下室、潮湿地区及有特殊要求的建筑物等
	防潮壁纸	基层不用一般的 $80g/m^2$ 基纸而用不怕水的玻璃纤维毡，面层同一般 PVC 壁纸	这种壁纸有一定的耐水、防潮性能，防霉性可达 10 级，适用于卫生间、厨房、厕所以及湿度大的房间内
	抗静电壁纸	系在面层内加以电阻较大的附加料加工而成，从而提高壁纸的抗静电能力	表面电阻可达 1kΩ，适于在电子机房及其他需抗静电的建筑物的顶棚、墙面等处使用
	彩砂壁纸	系在壁纸基材上撒以彩色石英砂等，再喷涂黏接剂加工而成	表面似彩砂涂料，质感强。适用于柱面、门厅、走廊等的局部装饰
	其他特种壁纸	尚有金属壁纸、吸声壁纸、灭菌壁纸、香味壁纸、防辐射壁纸等	

(2) 墙布饰面。

墙布及其饰面特点见表 C-13。

墙布及其饰面特点 **表 C-13**

项目	内　容
无纹墙布	无纺墙布是采用棉、麻等天然纤维或涤纶、腈纶等合成纤维，经过无纺成型、上树脂、印制彩色花纹而成的一种新型高级饰面材料，具有挺括、富有弹性、不易折断、色泽鲜艳、图案雅致、质地细洁光滑而又有绒毛质感、纤维不老化、不褪色、有一定透气性和防潮性、可擦洗及施工简便等特点。用以裱糊的墙面，格调高雅，质感亲切，美观大方
玻璃纤维墙布	玻璃纤维墙布系以中碱玻璃纤维为基材，表面涂布耐磨树脂，经染色、印花等工艺制成的墙布，具有强度大、韧性好、耐火、不褪色、不老化和可擦洗等优点，但盖色力较差，当基层颜色深浅不匀时，容易在裱糊面上显出来，装饰效果一般

续表

项目	内　容
装饰墙布	装饰墙布分化纤装饰墙布和天然装饰墙布。前者系以化纤布为基材，经一定处理后印花而成。后者则以真丝、棉花等自然纤维织物经过处理、印花及涂层制作而成。这类墙布具有强度大、蠕变性小、无霉、无味及透气等特点。化纤装饰墙布具有较好的耐磨性，天然织物装饰墙布还有静电小、吸声等特点
EVA豪华弹性壁布	豪华弹性壁布，是当代室内高档装饰材料之一，系由以EVA（乙烯、醋酸乙烯共聚物）发泡片材为基材，采用任何高、中档装饰布作面料复合加工而成的，具有质轻、柔软、弹性高、手感好、质感美、平整度高、不变形、不老化，防潮、易施工、无毒及无味等特点，并有优良的保温、隔热及隔声性能。用以装饰的室内墙内，典雅豪华，柔和多姿，美观大方，格调高雅。豪华弹性壁布适用于各种高级建筑的室内装饰，如宾馆、饭店、酒吧、舞厅、卡拉OK厅、高级会议客室、办公室及家庭卧室、会客厅等
锦缎墙布	锦缎是丝织物的一种。其特点是绚丽彩、质感柔和温暖、色泽自然逼真、清雅宜人，是一种高级墙面装饰材料。但因其造价高、太柔软、易变形、不耐脏、不耐光，在潮湿环境条件下易霉发，仅在一些较高级的墙面装饰或有特殊要求的房间中使用

参 考 文 献

［1］ 王萱，王旭光．建筑装饰构造［M］．北京：化学工业出版社，2006.

［2］ 中华人民共和国住房和城乡建设部．GB/T 50105—2010 建筑结构制图标准［S］．北京：中国计划出版社，2006.

［3］ 孙勇，苗蕾．建筑构造与识图［M］．北京：化学工业出版社，2010

［4］ 赵初全．建筑装饰构造［M］．北京：中国电力出版社，2002.

［5］ 周英才．建筑装饰构造［M］．北京：科学出版社，2003.